plurall

Parabéns!
Agora você faz parte do **Plurall**, a plataforma digital do seu livro didático! No **Plurall**, você tem acesso gratuito aos recursos digitais deste livro por meio do seu computador, celular ou tablet. Além disso, você pode contar com a nossa equipe para tirar dúvidas que surgirem, enquanto descobre as atividades e os conteúdos deste livro.

Incrível, não é mesmo?
Venha para o **Plurall** e descubra uma nova forma de estudar!
Baixe o aplicativo do **Plurall** para Android e IOS ou acesse **www.plurall.net** e cadastre-se utilizando o seu código de acesso exclusivo:

AASZE5DS9

Este é o seu código de acesso Plurall. Cadastre-se e ative-o para ter acesso aos conteúdos relacionados a esta obra.

@plurallnet
@plurallnetoficial

SOMOS
EDUCAÇÃO

SAMUEL HAZZAN

FUNDAMENTOS DE MATEMÁTICA ELEMENTAR

Combinatória
Probabilidade

481 exercícios propostos com resposta

181 questões de vestibulares com resposta

8ª edição | São Paulo – 2013

© Samuel Hazzan, 2013

Copyright desta edição:
SARAIVA S.A. Livreiros Editores, São Paulo
Rua Henrique Schaumann, 270 — Pinheiros
05413-010 — São Paulo — SP
Fone: (0xx11) 3611-3308 — Fax vendas: (0xx11) 3611-3268
SAC: 0800-0117875
www.editorasaraiva.com.br
Todos os direitos reservados.

Dados Internacionais de Catalogação na Publicação (CIP)
(Câmara Brasileira do Livro, SP, Brasil)

Hazzan, Samuel

Fundamentos de matemática elementar, 5 : combinatória, probabilidade / Samuel Hazzan. — 8. ed. — São Paulo : Atual, 2013.

ISBN 978-85-357-1750-1 (aluno)
ISBN 978-85-357-1751-8 (professor)

1. Matemática (Ensino médio) 2. Matemática (Ensino médio) — Problemas e exercícios etc. 3. Matemática (Vestibular) — Testes I. Título. II. Título: Combinatória, probabilidade.

13-01115　　　　　　　　　　　　　　　　　　　　　　　　　CDD-510.7

Índice para catálogo sistemático:
1. Matemática: Ensino médio 510.7

Fundamentos de matemática elementar — vol. 5

Gerente editorial: Lauri Cericato
Editor: José Luiz Carvalho da Cruz
Editores-assistentes: Fernando Manenti Santos/Juracy Vespucci/Guilherme Reghin Gaspar/Livio A. D'Ottaviantonio
Auxiliares de serviços editoriais: Margarete Aparecida de Lima/Rafael Rabaçallo Ramos
Digitação de originais: Margarete Aparecida de Lima
Pesquisa iconográfica: Cristina Akisino (coord.)/Enio Rodrigo Lopes
Revisão: Pedro Cunha Jr. e Lilian Semenichin (coords.)/Renata Palermo/Rhennan Santos/Felipe Toledo/Aline Araújo/Eduardo Sigrist/Fernanda Guerriero/Tatiana Malheiro
Gerente de arte: Nair de Medeiros Barbosa
Supervisor de arte: Antonio Roberto Bressan
Projeto gráfico: Carlos Magno
Capa: Homem de Melo & Tróia Design
Imagem de capa: Flickr RM/Colin McDonald/Getty Images
Ilustrações: Zapt
Diagramação: Zapt
Encarregada de produção e arte: Grace Alves
Coordenadora de editoração eletrônica: Silvia Regina E. Almeida

Produção gráfica: Robson Cacau Alves
Impressão e acabamento: PSP Digital

731.310.008.002

Rua Henrique Schaumann, 270 — Cerqueira César — São Paulo/SP — 05413-909

Apresentação

Fundamentos de Matemática Elementar é uma coleção elaborada com o objetivo de oferecer ao estudante uma visão global da Matemática, no ensino médio. Desenvolvendo os programas em geral adotados nas escolas, a coleção dirige-se aos vestibulandos, aos universitários que necessitam rever a Matemática elementar e também, como é óbvio, àqueles alunos de ensino médio cujo interesse se focaliza em adquirir uma formação mais consistente na área de Matemática.

No desenvolvimento dos capítulos dos livros de *Fundamentos* procuramos seguir uma ordem lógica na apresentação de conceitos e propriedades. Salvo algumas exceções bem conhecidas da Matemática elementar, as proposições e os teoremas estão sempre acompanhados das respectivas demonstrações.

Na estruturação das séries de exercícios, buscamos sempre uma ordenação crescente de dificuldade. Partimos de problemas simples e tentamos chegar a questões que envolvem outros assuntos já vistos, levando o estudante a uma revisão. A sequência do texto sugere uma dosagem para teoria e exercícios. Os exercícios resolvidos, apresentados em meio aos propostos, pretendem sempre dar explicação sobre alguma novidade que aparece. No final de cada volume, o aluno pode encontrar as respostas para os problemas propostos e assim ter seu reforço positivo ou partir à procura do erro cometido.

A última parte de cada volume é constituída por questões de vestibulares, selecionadas dos melhores vestibulares do país e com respostas. Essas questões podem ser usadas para uma revisão da matéria estudada.

Aproveitamos a oportunidade para agradecer ao professor dr. Hygino H. Domingues, autor dos textos de história da Matemática que contribuem muito para o enriquecimento da obra.

Neste volume, abordamos o estudo da análise combinatória e do cálculo de probabilidades. Em análise combinatória, a ênfase maior é dada ao princípio fundamental da contagem que, sem dúvida, é de grande utilidade. Convém lembrar que fica impossível desenvolver o cálculo de probabilidades sem antes ter tratado exaustivamente de análise combinatória. O estudo do teorema de Newton para desenvolver potências de binômios tem importância menor, não devendo ocupar tempo exagerado no curso.

Finalmente, como há sempre uma certa distância entre o anseio dos autores e o valor de sua obra, gostaríamos de receber dos colegas professores uma apreciação sobre este trabalho, notadamente os comentários críticos, os quais agradecemos.

Os autores

Sumário

CAPÍTULO I — Análise Combinatória 1
    I. Introdução 1
    II. Princípio fundamental da contagem 2
    III. Consequências do princípio fundamental da contagem 15
    IV. Arranjos com repetição 15
    V. Arranjos 16
    VI. Permutações 18
    VII. Fatorial 19
    VIII. Combinações 33
    IX. Permutações com elementos repetidos 44
    X. Complementos 49
Leitura: Cardano: o intelectual jogador 56

CAPÍTULO II — Binômio de Newton 58
    I. Introdução 58
    II. Teorema binomial 61
    III. Observações 63
    IV. Triângulo aritmético de Pascal (ou de Tartaglia) 70
    V. Expansão multinomial 80
Leitura: Pascal e a teoria das probabilidades 83
Leitura: Os irmãos Jacques e Jean Bernoulli 85

CAPÍTULO III — Probabilidade 89
    I. Experimentos aleatórios 89
    II. Espaço amostral 90
    III. Evento 92
    IV. Combinações de eventos 93
    V. Frequência relativa 96
    VI. Definição de probabilidade 97
    VII. Teoremas sobre probabilidades em espaço amostral finito 100
    VIII. Espaços amostrais equiprováveis 106
    IX. Probabilidade de um evento num espaco equiprovável 107
    X. Probabilidade condicional 118
    XI. Teorema da multiplicação 123
    XII. Teorema da probabilidade total 126
    XIII. Independência de dois eventos 133
    XIV. Independência de três ou mais eventos 135
    XV. Lei binomial da probabilidade 139
Leitura: Laplace: a teoria das probabilidades chega ao firmamento 146

Respostas dos exercícios 148

Questões de vestibulares 159

Respostas das questões de vestibulares 200

Significado das siglas de vestibulares 204

CAPÍTULO I
Análise Combinatória

I. Introdução

1. A Análise Combinatória visa desenvolver métodos que permitam contar o número de elementos de um conjunto, sendo estes elementos **agrupamentos formados sob certas condições**.

À primeira vista pode parecer desnecessária a existência desses métodos. Isto de fato é verdade, se o número de elementos que queremos contar for pequeno. Entretanto, se o número de elementos a serem contados for grande, esse trabalho torna-se quase impossível sem o uso de métodos especiais.

Vejamos alguns exemplos. Usaremos a notação #M para indicar o número de elementos de um conjunto M.

2. Exemplos:

1º) A é o conjunto de números de dois algarismos distintos formados a partir dos dígitos 1, 2 e 3.
A = {12, 13, 21, 23, 31, 32} e #A = 6

2º) B é o conjunto das diagonais de um heptágono
B = {$\overline{P_1P_3}$, $\overline{P_1P_4}$, $\overline{P_1P_5}$, $\overline{P_1P_6}$, $\overline{P_2P_4}$, $\overline{P_2P_5}$, $\overline{P_2P_6}$, $\overline{P_2P_7}$, $\overline{P_3P_5}$, $\overline{P_3P_6}$, $\overline{P_3P_7}$, $\overline{P_4P_6}$, $\overline{P_4P_7}$, $\overline{P_5P_7}$}
e #B = 14.

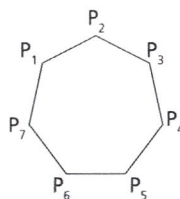

ANÁLISE COMBINATÓRIA

3º) C é o conjunto das sequências de letras que se obtêm, mudando a ordem das letras da palavra ARI (anagramas da palavra ARI).

C = {ARI, AIR, IRA, IAR, RAI, RIA} e #C = 6

4º) D é o conjunto de números de três algarismos, todos distintos, formados a partir dos dígitos 1, 2, 3, 4, 5, 6, 7, 8.

D = {123, 124, 125, ..., 875, 876}

Pode-se perceber que é trabalhoso obter todos os elementos (agrupamentos) desse conjunto e depois contá-los. Corre-se o risco de haver omissão ou repetição de agrupamentos. Usando técnicas que iremos estudar adiante, veremos que #D = 336.

II. Princípio fundamental da contagem

3. Tal princípio consta de duas partes (A e B) ligeiramente diferentes. Antes de enunciar e demonstrar este princípio, vamos provar dois lemas (teoremas auxiliares).

4. Lema 1

Consideremos os conjuntos $A = \{a_1, a_2, ..., a_m\}$ e $B = \{b_1, b_2, ..., b_n\}$. Podemos formar $m \cdot n$ pares ordenados (a_i, b_j) em que $a_i \in A$ e $b_j \in B$.

Demonstração:

Fixemos o primeiro elemento do par e façamos variar o segundo. Teremos:

m linhas $\begin{cases} (a_1, b_1), (a_1, b_2), ..., (a_1, b_n) \to n \text{ pares} \\ (a_2, b_1), (a_2, b_2), ..., (a_2, b_n) \to n \text{ pares} \\ \vdots \qquad \vdots \qquad \vdots \\ (a_m, b_1), (a_m, b_2), ..., (a_m, b_n) \to n \text{ pares} \end{cases}$

O número de pares ordenados é então $\underbrace{n + n + n + ... + n}_{m \text{ vezes}} = m \cdot n$.

Uma outra forma de visualisarmos os pares ordenados é através do diagrama a seguir, conhecido como **diagrama sequência** ou **diagrama de árvore**.

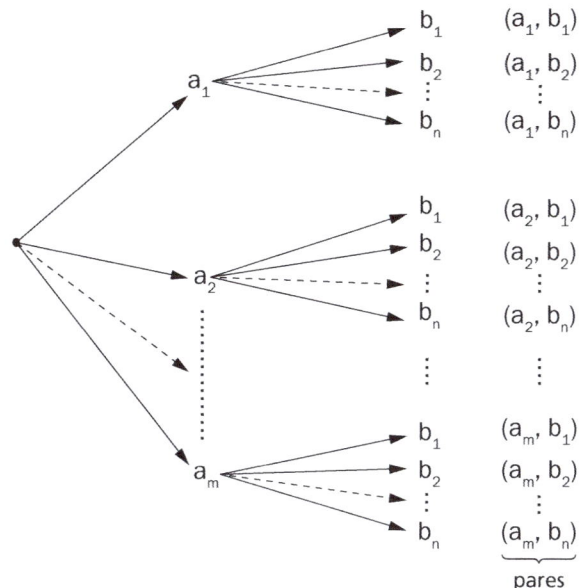

5. Exemplos:

1º) Temos três cidades X, Y e Z. Existem quatro rodovias que ligam X com Y e cinco que ligam Y com Z. Partindo de X e passando por Y, de quantas formas podemos chegar até Z?

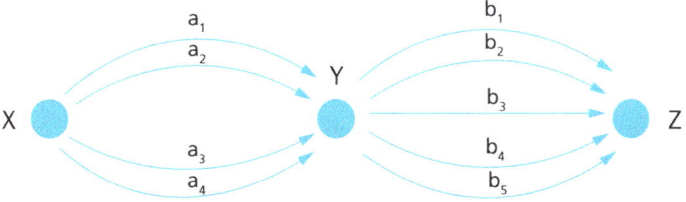

Sejam:
A o conjunto das rodovias que ligam X com Y e
B o conjunto das rodovias que ligam Y com Z:

$A = \{a_1, a_2, a_3, a_4\}$ e $B = \{b_1, b_2, b_3, b_4, b_5\}$

Cada modo de efetuar a viagem de X até Z pode ser considerado como um par de estradas (a_i, b_j) em que $a_i \in A$ e $b_j \in B$.

Logo, o número de pares ordenados (ou de modos de viajar de X até Z) é

$$4 \cdot 5 = 20.$$

Os caminhos possíveis podem ser obtidos no diagrama de árvore.

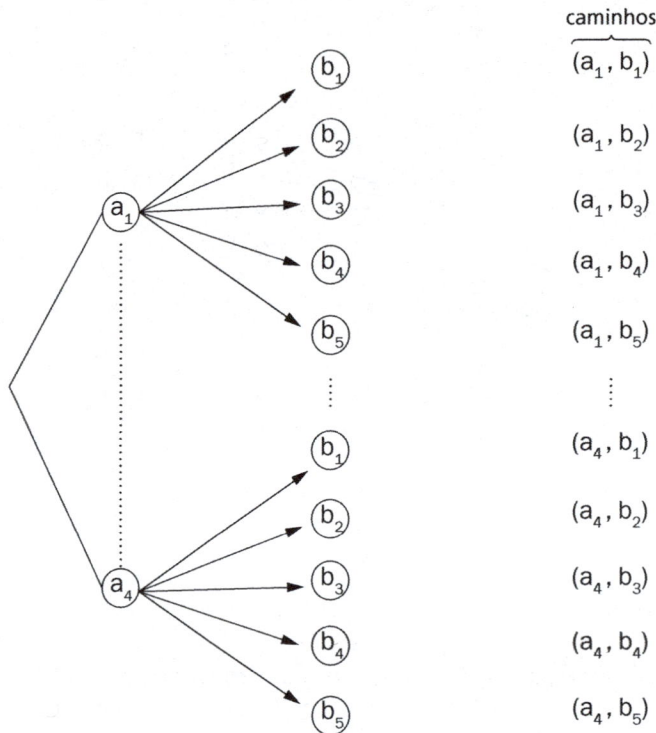

2º) Quantos números de dois algarismos (distintos ou não) podem ser formados, usando os dígitos 1, 2, 3, 4, 5, 6, 7, 8?

Cada número pode ser considerado um par de dígitos (a, b) em que a ∈ {1, 2, 3, ..., 8} e b ∈ {1, 2, 3, ..., 8}.

Logo, o resultado procurado é:

$8 \cdot 8 = 64$

6. Lema 2

O número de pares ordenados (a_i, a_j) tais que:
$a_i \in A = \{a_1, a_2, ..., a_m\}$, $a_j \in A = \{a_1, a_2, ..., a_m\}$ e $a_i \neq a_j$ (para $i \neq j$) é $m(m-1)$

Demonstração:
Fixemos o primeiro elemento do par, e façamos variar o segundo.

Teremos:

$$m \text{ linhas} \begin{cases} (a_1, a_2), (a_1, a_3), ..., (a_1, a_m) & \to (m-1) \text{ pares} \\ (a_2, a_1), (a_2, a_3), ..., (a_2, a_m) & \to (m-1) \text{ pares} \\ \vdots \quad \vdots \quad \vdots & \\ (a_m, a_1), (a_m, a_2), ..., (a_m, a_{m-1}) & \to (m-1) \text{ pares} \end{cases}$$

O número de pares é:

$$\underbrace{(m-1) + (m-1) + ... + (m-1)}_{m \text{ vezes}} = m \cdot (m-1)$$

7. Exemplo:

Quantos números com dois algarismos distintos podemos formar com os dígitos 1, 2, 3, 4, 5, 6, 7 e 8?

Cada número pode ser considerado um par de dígitos (a, b) em que:

$$a \in \{1, 2, 3, ..., 8\}, b \in \{1, 2, 3, ..., 8\} \text{ e } a \neq b$$

Então o resultado procurado será $8 \cdot 7 = 56$.

Observemos que o diagrama de árvore pode ser usado para obtermos os números formados, notando apenas que, uma vez tomado um elemento na 1ª etapa do diagrama, ele não poderá aparecer na 2ª etapa.

8. O princípio fundamental da contagem (parte A)

Consideremos r conjuntos

$$A = \{a_1, a_2, ..., a_{n_1}\} \quad \#A = n_1$$

$$B = \{b_1, b_2, ..., b_{n_2}\} \quad \#B = n_2$$

$$\vdots \quad \vdots$$

$$Z = \{z_1, z_2, ..., z_{n_r}\} \quad \#Z = n_r$$

então, o número de r-uplas ordenadas (sequências de r elementos) do tipo

$$(a_i, b_j, ..., z_p)$$

em que $a_i \in A, b_j \in B ... z_p \in Z$ é

$$n_1 \cdot n_2 \cdot ... \cdot n_r$$

ANÁLISE COMBINATÓRIA

Demonstração (Princípio da indução finita)

Se $r = 2$, é imediato, pois caímos no lema 1 já visto.

Suponhamos que a fórmula seja válida para o inteiro $(r - 1)$ e provemos que ela também é válida para o inteiro r.

Para $(r - 1)$, tomemos as sequências de $(r - 1)$ elementos $(a_j, b_j, ..., w_k)$.

Por hipótese de indução, existem $n_1 \cdot n_2 \cdot ... \cdot n_{r-1}$ sequências e n_r elementos pertencentes ao conjunto Z.

Cada sequência $(a_i, b_j, ..., w_k, z_p)$ consiste de uma sequência $(a_i, b_j, ..., w_k)$ e um elemento $z_p \in Z$.

Portanto, pelo lema 1, o número de sequências do tipo $(a_i, b_j, ..., w_k, z_p)$ é:

$(n_1 \cdot n_2 ... n_{r-1}) \cdot n_r = n_1 \cdot n_2 \cdot ... \cdot n_{r-1} \cdot n_r$

Decorre então que o teorema é válido $\forall r \in \mathbb{N}$ e $r \geqslant 2$.

9. Exemplo:

Uma moeda é lançada 3 vezes. Qual o número de sequências possíveis de **cara** e **coroa**?

Indiquemos por K o resultado **cara** e por C o resultado **coroa**.

Queremos o número de triplas ordenadas (a, b, c), em que:

$a \in \{K, C\}$, $b \in \{K, C\}$ e $c \in \{K, C\}$

Logo, o resultado procurado é:

$2 \cdot 2 \cdot 2 = 8$

As sequências podem ser obtidas através de um diagrama de árvore.

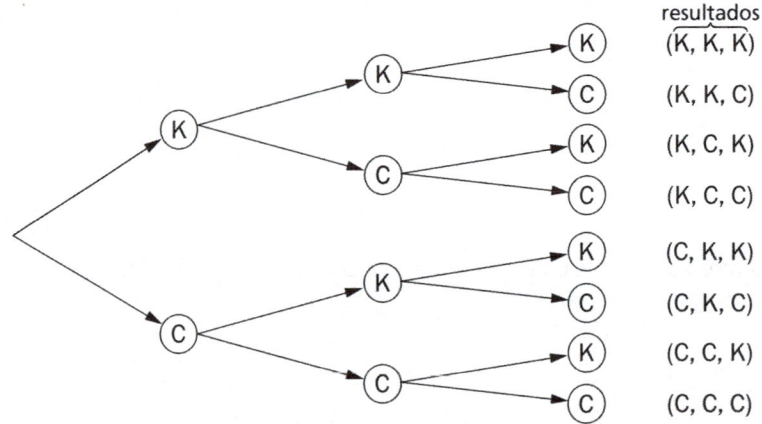

10. O princípio fundamental da contagem (parte B)

Consideremos um conjunto A com m ($m \geq 2$) elementos. Então o número de r-uplas ordenadas (sequências com r elementos) formadas com elementos distintos dois a dois de A é:

$$\underbrace{m \cdot (m-1) \cdot (m-2) \cdot \ldots \cdot [m-(r-1)]}_{r \text{ fatores}}$$

Ou seja, se $A = \{a_1, a_2, \ldots, a_m\}$, o número de sequências do tipo

$$\underbrace{(a_j, a_\ell, \ldots, a_i, \ldots, a_k)}_{r \text{ elementos}}$$

com $\begin{cases} a_i \in A \ \forall i \in \{1, 2, \ldots, m\} \\ a_i \neq a_p \text{ para } i \neq p \end{cases}$ é

$$\underbrace{m \cdot (m-1) \cdot \ldots \cdot [m-(r-1)]}_{r \text{ fatores}}$$

A demonstração é feita por indução finita, de modo análogo à feita na parte A.

11. Exemplos:

1º) Quatro atletas participam de uma corrida. Quantos resultados existem para o 1º, 2º e 3º lugares?

Cada resultado consta de uma tripla ordenada (a, b, c), em que a representa o atleta que chegou em 1º lugar, b o que chegou em segundo, e c o que chegou em terceiro.

a, b e c pertencem ao conjunto dos atletas e $a \neq b$, $a \neq c$ e $b \neq c$.

Logo, o número de resultados possíveis é:

$4 \cdot 3 \cdot 2 = 24$

ANÁLISE COMBINATÓRIA

2º) De quantos modos três pessoas podem ficar em fila indiana?

Cada modo corresponde a uma tripla ordenada de pessoas. Logo, o resultado procurado é:

$$3 \cdot 2 \cdot 1 = 6$$

Se chamarmos de A, B e C as pessoas, os modos podem ser obtidos através do diagrama de árvore.

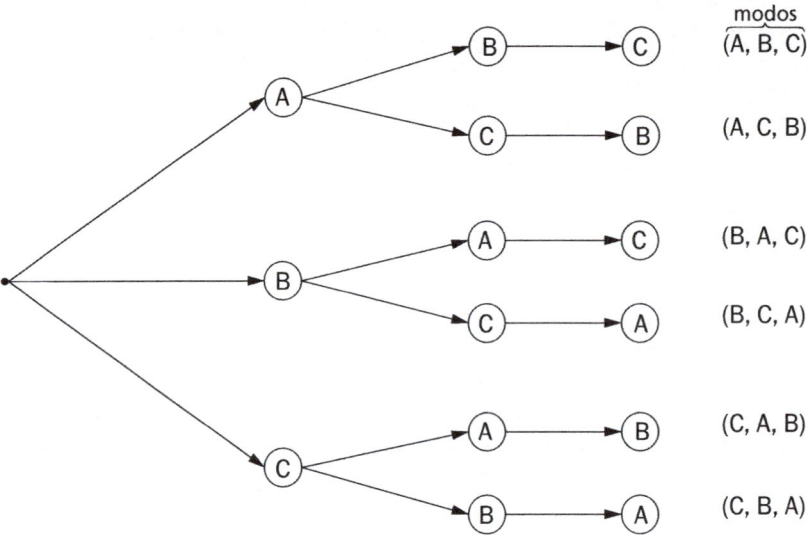

12. Observação:

Algumas vezes, o conjunto cujos elementos queremos contar consta de sequências de tamanhos diferentes (isto é, o número de elementos das sequências consideradas é diferente), o que impede o uso do princípio fundamental da contagem. Entretanto, usando o diagrama de árvore, podemos saber facilmente quantas são as sequências.

13. Exemplo:

Uma pessoa lança uma moeda sucessivamente até que ocorram duas caras consecutivas, ou quatro lançamentos sejam feitos, o que primeiro ocorrer. Quais as sequências de resultados possíveis?

Temos:

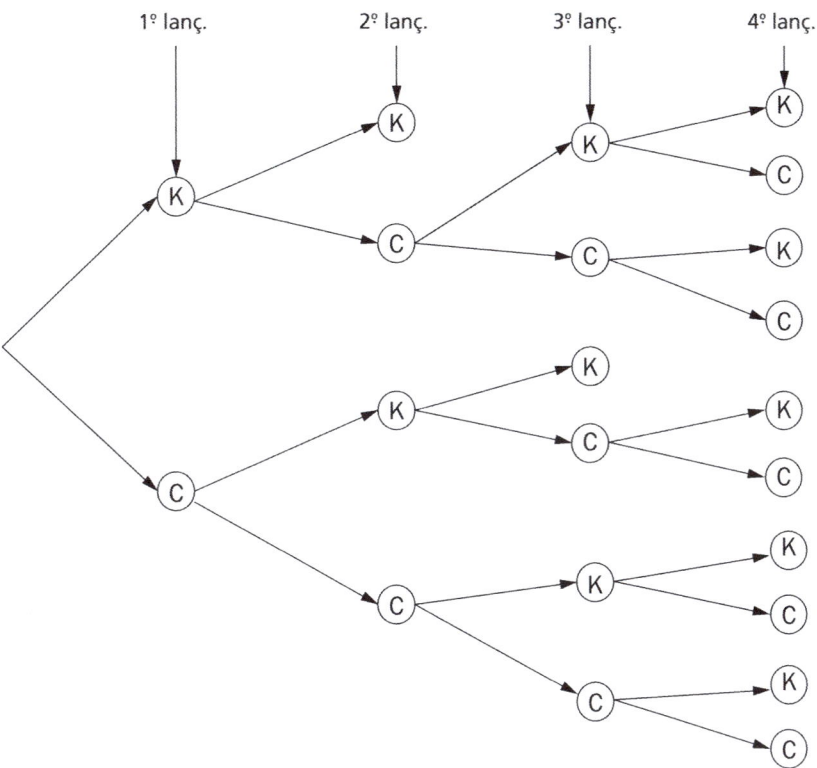

Os resultados possíveis são:

(K, K); (K, C, K, K); (K, C, K, C); (K, C, C, K); (K, C, C, C); (C, K, K); (C, K, C, K); (C, K, C, C); (C, C, K, K); (C, C, K, C); (C, C, C, K); (C, C, C, C); e o número de sequências é 12.

EXERCÍCIOS

1. Um homem vai a um restaurante disposto a comer um só prato de carne e uma só sobremesa. O cardápio oferece oito pratos distintos de carne e cinco pratos diferentes de sobremesa. De quantas formas pode o homem fazer sua refeição?

2. Uma moça possui 5 blusas e 6 saias. De quantas formas ela pode vestir uma blusa e uma saia?

ANÁLISE COMBINATÓRIA

3. Num banco de automóvel o assento pode ocupar 6 posições diferentes e o encosto 5 posições, independentemente da posição do assento. Combinando assento e encosto, quantas posições diferentes esse banco pode assumir?

4. Numa festa existem 80 homens e 90 mulheres. Quantos casais diferentes podem ser formados?

5. Um edifício tem 8 portas. De quantas formas uma pessoa poderá entrar no edifício e sair por uma porta diferente da que usou para entrar?

6. Num concurso com 12 participantes, se nenhum puder ganhar mais que um prêmio, de quantas maneiras poderão ser distribuídos um primeiro e um segundo prêmios?

7. Um homem possui 10 ternos, 12 camisas e 5 pares de sapatos. De quantas formas poderá ele vestir um terno, uma camisa e um par de sapatos?

8. Um automóvel é oferecido pelo fabricante em 7 cores diferentes, podendo o comprador optar entre os motores 2 000 cc e 4 000 cc. Sabendo-se que os automóveis são fabricados nas versões "standard", "luxo" e "superluxo", quantas são as alternativas do comprador?

9. De quantas formas podemos responder a 12 perguntas de um questionário, cujas respostas para cada pergunta são: sim ou não?

Solução
Cada resposta do questionário todo consta de uma sequência
$$(a_1, a_2, ..., a_{12})$$
em que cada a_1 vale S (sim) ou N (não). Além disso:
$$a_1 \in A_1 = \{S, N\}$$
$$a_2 \in A_2 = \{S, N\}$$
$$\vdots$$
$$a_{12} \in A_{12} = \{S, N\}$$
Logo, pelo princípio fundamental da contagem, o número de sequências do tipo acima é:
$$\underbrace{2 \cdot 2 \cdot ... \cdot 2}_{12 \text{ vezes}} = 2^{12}$$

10. Uma prova consta de 20 testes do tipo verdadeiro ou falso. De quantas formas uma pessoa poderá responder aos 20 testes?

ANÁLISE COMBINATÓRIA

11. Uma loteria (semelhante à loteria esportiva) apresenta 10 jogos, cada um com 4 possíveis resultados. Usando a aproximação $2^{10} \cong 10^3$, qual é o número total de resultados possíveis?

12. Em um computador digital, um bit é um dos algarismos 0 ou 1 e uma palavra é uma sucessão de bits. Qual é o número de palavras distintas de 32 bits?

13. Uma sala tem 10 portas. De quantas maneiras diferentes essa sala pode ser aberta?

14. De quantas maneiras diferentes um professor poderá escolher um ou mais estudantes de um grupo de 6 estudantes?

15. De um grupo de 5 pessoas, de quantas maneiras distintas posso convidar uma ou mais para jantar?

16. Quantos anagramas podemos formar, digitando ao acaso em 6 teclas (escolhidas entre as 26 existentes) num teclado? Entre eles consta o anagrama TECTEC?

17. Num concurso para preenchimento de uma cátedra, apresentam-se 3 candidatos. A comissão julgadora é constituída de 5 membros, devendo cada examinador escolher exatamente um candidato. De quantos modos os votos desses examinadores podem ser dados?

18. Quantos números de 3 algarismos (iguais ou distintos) podemos formar com os dígitos 1, 2, 3, 7, 8?

19. Temos um conjunto de 10 nomes e outro de 20 sobrenomes. Quantas pessoas podem receber um nome e um sobrenome, com esses elementos?

20. Um mágico se apresenta em público vestindo calça e paletó de cores diferentes. Para que ele possa se apresentar em 24 sessões com conjuntos diferentes, qual é o número mínimo de peças (número de paletós mais número de calças) de que ele precisa?

21. Seis dados são lançados simultaneamente. Quantas sequências de resultados são possíveis, se considerarmos cada elemento da sequência como o número obtido em cada dado?

22. O sistema telefônico de São Paulo utiliza oito (8) dígitos para designar os diversos telefones. Supondo que o primeiro dígito seja sempre dois (2) e que o dígito zero (0) não seja utilizado para designar estações (2º e 3º dígitos), quantos números de telefones diferentes poderemos ter?

23. As letras em código morse são formadas por sequências de traços (–) e pontos (·), sendo permitidas repetições. Por exemplo: (–; ·; –; –; ·; ·).
Quantas letras podem ser representadas:
a) usando exatamente 3 símbolos?   b) usando no máximo 8 símbolos?

ANÁLISE COMBINATÓRIA

24. Quantos números telefônicos com 7 dígitos podem ser formados, se usarmos os dígitos de 0 a 9?

Solução
Cada número telefônico consiste em uma sequência de 7 dígitos do tipo:
$(a_1, a_2, ..., a_6, a_7)$ em que $a_1 \in A_1 = \{0, 1, 2, ..., 9\}$
$$a_2 \in A_2 = \{0, 1, 2, ..., 9\}$$
$$a_7 \in A_7 = \{0, 1, 2, ..., 9\}$$
Logo, pelo princípio fundamental da contagem, o número de sequências é:
$$\underbrace{10 \cdot 10 \cdot ... \cdot 10}_{7 \text{ vezes}} = 10^7 = 10\,000\,000$$

25. Existem apenas dois modos de atingir uma cidade X partindo de uma outra A. Um deles é ir até uma cidade intermediária B e de lá atingir X; o outro é ir até C e de lá chegar a X. (Veja esquema.) Existem 10 estradas ligando A e B; 12 ligando B a X; 5 ligando A a C; 8 ligando C a X; nenhuma ligação direta entre B e C e nenhuma ligação direta entre A e X. Qual o número de percursos diferentes que podem ser feitos para, partindo de A, atingir X pela primeira vez?

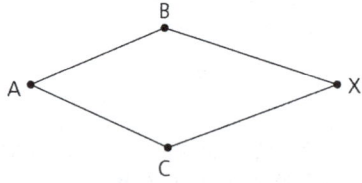

26. Um homem encontra-se na origem de um sistema cartesiano ortogonal de eixos Ox e Oy. Ele pode dar um passo de cada vez, para norte (N) ou para leste (L). Quantas trajetórias ele pode percorrer, se der exatamente 4 passos?

Solução
Notemos que cada trajetória consiste em uma quádrupla ordenada (a_1, a_2, a_3, a_4) em que $a_1 \in \{N, L\}$, $a_2 \in \{N, L\}$, $a_3 \in \{N, L\}$ e $a_4 \in \{N, L\}$.
Por exemplo, (N, L, N, N) corresponde graficamente a:

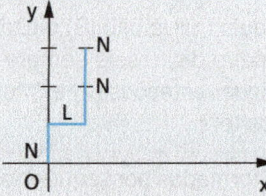

Logo, pelo princípio fundamental da contagem, o número de trajetórias (quádruplas ordenadas) é $2 \cdot 2 \cdot 2 \cdot 2 = 16$.

ANÁLISE COMBINATÓRIA

27. Caminhando sempre para a direita ou para cima, sobre a rede da figura, de quantas maneiras um homem pode ir do ponto A até a reta BC?

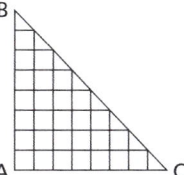

28. Resolva o problema anterior, se o homem der exatamente 6 passos, o ponto B tenha coordenadas (0, 6) e C tenha coordenadas (6, 0). Dê o gráfico de 3 trajetórias possíveis.

29. Quantos divisores positivos tem o número $3888 = 2^4 \cdot 3^5$?

    Solução

    Cada divisor é um número do tipo $2^{\alpha_1} \cdot 3^{\alpha_2}$, em que $\alpha_1 \in \{0, 1, 2, 3, 4\}$ e $\alpha_2 \in \{0, 1, 2, 3, 4, 5\}$.
    Exemplo: $2^3 \cdot 3^5$; $2^0 \cdot 3^3$; $2^2 \cdot 3^0$, etc.

    Portanto, o número de divisores é o número de pares ordenados (α_1, α_2), que, pelo princípio fundamental da contagem, é:
    $5 \cdot 6 = 30$.

30. Quantos divisores positivos tem o número $N = 2^a \cdot 3^b \cdot 5^c \cdot 7^d$?

31. Cada pedra de dominó é constituída de 2 números. As peças são simétricas, de sorte que o par de números não é ordenado. Exemplo:

    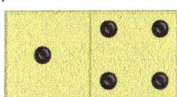 é o mesmo que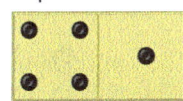

    Quantas peças diferentes podem ser formadas, se usarmos os números 0, 1, 2, 3, 4, 5 e 6?

32. Quantas peças diferentes podem ser formadas num jogo de dominó se usarmos os números 0, 1, 2, 3, ..., n?

33. A e B são conjuntos tais que #A = n e #B = r. Quantas funções f: A → B existem?

34. Em um baralho de 52 cartas, cinco cartas são escolhidas sucessivamente. Quantas são as sequências de resultados possíveis:
    a) se a escolha for feita com reposição?
    b) se a escolha for feita sem reposição?

ANÁLISE COMBINATÓRIA

Solução

a) Seja A o conjunto das cartas do baralho. Temos #A = 52.

Cada escolha consta de uma sequência do tipo

$(a_1, a_2, a_3, a_4, a_5)$

em que $a_1 \in A, a_2 \in A, a_3 \in A, a_4 \in A, a_5 \in A$ (pois a escolha foi feita com reposição). Logo, pelo princípio fundamental da contagem (parte A), o número de sequências é:

$\underbrace{52 \cdot 52 \cdot 52 \cdot 52 \cdot 52}_{5 \text{ vezes}} = 52^5 = 380\,204\,032$

b) Se a escolha é feita sem reposição, então cada sequência $(a_1, a_2, a_3, a_4, a_5)$ é tal que cada elemento pertence a A e são todos elementos distintos.

Logo, pelo princípio fundamental da contagem (parte B), o número de sequências é:

$\underbrace{52 \cdot 51 \cdot 50 \cdot 49 \cdot 48}_{5 \text{ fatores}} = 311\,875\,200$

---

35. Duas pessoas, Antônio e Benedito, praticam um jogo no qual em cada partida há um único vencedor. O jogo é praticado até que um deles ganhe 2 partidas consecutivas ou 4 partidas tenham sido jogadas, o que ocorrer primeiro. Quais as sequências possíveis de ganhadores?

(Sugestão: Construa o diagrama de árvore.)

36. Uma urna tem 10 bolinhas numeradas 1, 2, 3, ..., 10. Três bolinhas são extraídas sucessivamente, sem reposição. De quantas formas os números das bolinhas formam uma P.A. na ordem em que foram extraídas?

(Sugestão: Construa o diagrama de árvore.)

37. Uma moto tem combustível suficiente para somente três voltas num circuito. Pedro, Manoel e Antônio disputam, por meio do lançamento de uma moeda, a oportunidade de dar cada volta, do seguinte modo:

I. o lançamento da moeda é efetuado antes de cada volta;

II. se coroa, a vez é de Manoel;

III. se cara, a vez é de Pedro;

IV. se a mesma face ocorrer consecutivamente, a vez é de Antônio.

Se a primeira volta for dada por Pedro, quantas voltas poderá dar Antônio?

38. Suponha que no início de um jogo você tenha R$ 2000,00 e que só possa jogar enquanto tiver dinheiro. Supondo que em cada jogada você perde ou ganha R$ 1000,00, quais são os possíveis resultados ao final de três jogadas?

39. Um homem tem oportunidade de jogar no máximo 5 vezes na roleta. Em cada jogada, ele ganha ou perde R$ 1000,00. Começará com R$ 1000,00 e parará de jogar antes de cinco vezes, se perder todo seu dinheiro ou se ganhar R$ 3000, 00, isto é, se tiver R$ 4000,00. De quantas maneiras o jogo poderá se desenrolar?

40. Em um baile há *r* rapazes e *m* moças. Um rapaz dança com 5 moças, um segundo rapaz dança com 6 moças, e assim sucessivamente. O último rapaz dança com todas as moças. Qual é a relação entre *m* e *r*?

III. Consequências do princípio fundamental da contagem

O princípio fundamental da contagem nos fornece o instrumento básico para a Análise Combinatória; entretanto, sua aplicação direta na resolução de problemas pode às vezes tornar-se trabalhosa. Iremos então definir os vários modos de formar agrupamentos e, usando símbolos simplificativos, deduzir fórmulas que permitam a contagem dos mesmos, em cada caso particular a ser estudado.

IV. Arranjos com repetição

14. Seja M um conjunto com *m* elementos, isto é, M = $\{a_1, a_2, ..., a_m\}$. Chamamos *arranjo com repetição* dos *m* elementos, tomados *r* a *r*, toda *r*-upla ordenada (sequência de tamanho *r*) formada com elementos de M não necessariamente distintos.

15. Exemplo:

Uma urna contém uma bola vermelha (V), uma branca (B) e uma azul (A). Uma bola é extraída, observada sua cor e reposta na urna. Em seguida outra bola é extraída e observada sua cor. Quantas são as possíveis sequências de cores observadas?

ANÁLISE COMBINATÓRIA

Temos:
Cada sequência é um par ordenado de cores (x, y) em que x, y ∈ M = {V, B, A}. Logo, pelo princípio fundamental da contagem (parte A), o número de pares é:

$3 \cdot 3 = 9$

16. Fórmula do número de arranjos com repetição

Seja M = $\{a_1, a_2, ..., a_m\}$ e indiquemos por $(AR)_{m,r}$ o número de arranjos com repetição de *m* elementos tomados *r* a *r*.

Cada arranjo com repetição é uma sequência de *r* elementos, em que cada elemento pertence a M.

$\underbrace{(-, -, -, ..., -)}_{r \text{ elementos}}$

Pelo princípio fundamental da contagem (parte A), o número de arranjos $(AR)_{m,r}$ será:

$$(AR)_{m,r} = \underbrace{m \cdot m \cdot ... \cdot m}_{r \text{ vezes}} = m^r$$

Observemos que, se r = 1, $(AR)_{m,1}$ = m e a fórmula acima continua válida $\forall r \in \mathbb{N}^*$.

V. Arranjos

17. Seja M um conjunto com *m* elementos, isto é, M = $\{a_1, a_2, ..., a_m\}$. Chamamos de arranjo dos *m* elementos tomados *r* a *r* (1 ≤ r ≤ m) a qualquer *r*-upla (sequência de *r* elementos) formada com elementos de M, **todos distintos**.

18. Exemplo:

M = {a, b, c, d}

Os arranjos dos quatro elementos de M, tomados dois a dois, são os pares ordenados (x, y) formados com elementos distintos de M.

Pelo princípio fundamental da contagem (parte B), o número de pares ordenados é:

$$4 \cdot 3 = 12$$

19. Fórmula do número de arranjos

Seja $M = \{a_1, a_2, ..., a_m\}$ e indiquemos por $A_{m,r}$ o número de arranjos dos m elementos tomados r a r.

Cada arranjo é uma sequência de r elementos, em que cada elemento pertence a M, e são todos distintos.

$$\underbrace{(-, -, ..., -)}_{r \text{ elementos}}$$

Pelo princípio fundamental da contagem (parte B), o número de arranjos $A_{m,r}$ será:

$$A_{m,r} = \underbrace{m \cdot (m-1) \cdot ... \cdot [m-(r-1)]}_{r \text{ fatores}}$$

Em particular, se $r = 1$, é fácil perceber que $A_{m,1} = m$.

Notemos ainda que, de acordo com a definição que demos de arranjo, temos necessariamente $1 \leq r \leq m$.

20. Exemplo:

De um baralho de 52 cartas, 3 cartas são retiradas sucessivamente e sem reposição. Quantas sequências de cartas é possível obter?

Notemos que cada resultado é uma tripla ordenada de cartas (x, y, z), em que x é a 1ª carta extraída, y a 2ª e z a 3ª. Observemos que x, y, z são todas distintas, visto que a **extração é feita sem reposição**.

Logo, o número que queremos é $A_{52,3}$, isto é:

$$A_{52,3} = \underbrace{52 \cdot 51 \cdot 50}_{3 \text{ fatores}} = 132\,600$$

ANÁLISE COMBINATÓRIA

VI. Permutações

21. Seja M um conjunto com *m* elementos, isto é, M = $\{a_1, a_2, ..., a_m\}$. Chamamos de permutação dos *m* elementos a todo arranjo em que r = m.

22. Exemplo:

Seja M = {a, b, c}.

As permutações dos elementos de M são todos os arranjos constituídos de 3 elementos.

São eles:

(a, b, c) (b, a, c) (c, a, b) (a, c, b) (b, c, a) (c, b, a)

23. Fórmula do número de permutações

Seja M o conjunto M = $\{a_1, a_2, ..., a_m\}$ e indiquemos por P_m o número de permutações dos *m* elementos de M.

Temos:

$P_m = A_{m,m}$

logo: $P_m = m(m-1) \cdot (m-2) \cdot ... \cdot [m-(m-1)]$

$$P_m = m \cdot (m-1) \cdot (m-2) \cdot ... \cdot 3 \cdot 2 \cdot 1$$

Em particular, se m = 1, é fácil perceber que $P_1 = 1$.

24. Exemplo:

De quantas formas podem 5 pessoas ficar em fila indiana?

Notemos que cada forma de ficar em fila indiana é uma permutação das 5 pessoas. O número de permutações (modos de ficar em fila indiana) será:

$P_5 = 5 \cdot 4 \cdot 3 \cdot 2 \cdot 1 = 120$

VII. Fatorial

25. A fim de simplificar as fórmulas do número de arranjos e do número de permutações, bem como outras que iremos estudar, vamos definir o símbolo fatorial.

Seja m um número inteiro não negativo ($m \in \mathbb{N}$). Definimos **fatorial de m** (e indicamos por m!) por meio da relação:

$$m! = m \cdot (m-1) \cdot (m-2) \cdot \ldots \cdot 3 \cdot 2 \cdot 1 \text{ para } m \geq 2$$
$$1! = 1$$
$$0! = 1$$

As definições 1! e 0! serão justificadas posteriormente.

26. Exemplo:

$3! = 3 \cdot 2 \cdot 1 = 6$
$4! = 4 \cdot 3 \cdot 2 \cdot 1 = 24$
$5! = 5 \cdot 4 \cdot 3 \cdot 2 \cdot 1 = 120$

27. O cálculo de m!, diretamente, torna-se trabalhoso à medida que aumenta. ($10! = 3\,628\,800$)

Entretanto, muitos cálculos podem ser simplificados se notarmos que:

$$(n+1)! = (n+1) \cdot \underbrace{n \cdot (n-1) \cdot \ldots \cdot 3 \cdot 2 \cdot 1}_{n!} = (n+1) \cdot n!$$

28. Exemplos:

1º) Calcular $\dfrac{10!}{9!}$

Temos: $\dfrac{10!}{9!} = \dfrac{10 \cdot \cancel{9!}}{\cancel{9!}} = 10$

2º) Calcular $\dfrac{10!}{8!}$

Temos: $\dfrac{10!}{8!} = \dfrac{10 \cdot 9 \cdot \cancel{8!}}{\cancel{8!}} = 90$

ANÁLISE COMBINATÓRIA

3º) Calcular $\dfrac{12!}{9!\,3!}$

Temos: $\dfrac{12!}{9!\,3!} = \dfrac{12 \cdot 11 \cdot 10 \cdot 9!}{9!\,3!} = \dfrac{12 \cdot 11 \cdot 10}{3 \cdot 2 \cdot 1} = 220$

29. As fórmulas do número de arranjos e do número de permutações também podem ser simplificadas com a notação fatorial.

De fato:
$P_m = m \cdot (m-1) \cdot \ldots \cdot 3 \cdot 2 \cdot 1 = m!$
$A_{m,r} = m \cdot (m-1)(m-r+1) =$
$= m \cdot (m-1) \cdot \ldots \cdot (m-r+1) \cdot \dfrac{(m-r) \cdot (m-r-1) \cdot \ldots \cdot 3 \cdot 2 \cdot 1}{(m-r) \cdot (m-r-1) \cdot \ldots \cdot 3 \cdot 2 \cdot 1}$

$$A_{m,r} = \dfrac{m!}{(m-r)!}$$

Em particular $\begin{cases} P_1 = 1 \\ 1! = 1 \end{cases}$

e a fórmula $P_m = m!$ é válida $\forall m \in \mathbb{N}^*$
e ainda:

em particular $\begin{cases} A_{m,1} = m \;\; \forall m \in \mathbb{N}^* \\ \dfrac{m!}{(m-1)!} = m \;\; \forall m \in \mathbb{N}^*, \end{cases}$

e a fórmula $A_{m,r} = \dfrac{m!}{(m-r)!}$ é válida $\forall m \in \mathbb{N}^*, \forall r \in \mathbb{N}^*$ com $r \leq m$.

EXERCÍCIOS

41. Usando o diagrama de árvore, obtenha todos os arranjos dos elementos de $M = \{a, b, c, d\}$ tomados dois a dois.

42. Calcule:

a) $A_{6,3}$ b) $A_{10,4}$ c) $A_{20,1}$ d) $A_{12,2}$

43. Em um campeonato de futebol, participam 20 times. Quantos resultados são possíveis para os três primeiros lugares?

44. Dispomos de seis cores diferentes. Cada face de um cubo será pintada com uma cor diferente, de forma que as seis cores sejam utilizadas. De quantas maneiras diferentes isso pode ser feito, se uma maneira é considerada idêntica a outra, desde que possa ser obtida a partir desta por rotação do cubo?

45. Em um torneio (de dois turnos) do qual participam seis times, quantos jogos são disputados?

46. Dispomos de 8 cores e queremos pintar uma bandeira de 5 listras, cada listra com uma cor. De quantas formas isso pode ser feito?

Solução

Cada maneira de pintar a bandeira consiste de uma sequência de cinco cores distintas (sequência, porque as listras da bandeira estão numa ordem) escolhidas entre as oito existentes. Logo, o número de sequências procurado é:

$$A_{8,5} = \underbrace{8 \cdot 7 \cdot 6 \cdot 5 \cdot 4}_{n \text{ fatores}} = 6\,720$$

47. Uma bandeira é formada de 7 listras, que devem ser pintadas de 3 cores diferentes. De quantas maneiras distintas será possível pintá-la de modo que duas listras adjacentes nunca estejam pintadas da mesma cor?

48. Uma linha ferroviária tem 16 estações. Quantos tipos de bilhetes devem ser impressos, se cada tipo deve assinalar a estação de partida e de chegada, respectivamente?

49. Designando-se seis cidades por A, B, C, D, E e F, determine o número de maneiras que permitem a ida de A até F, passando por todas as demais cidades.

50. As 5 finalistas do concurso para Miss Universo são: Miss Japão, Miss Brasil, Miss Finlândia, Miss Argentina e Miss Noruega. De quantas formas os juízes poderão escolher o primeiro, o segundo e o terceiro lugares nesse concurso?

51. Um cofre possui um disco marcado com os dígitos 0, 1, 2, ..., 9. O segredo do cofre é formado por uma sequência de 3 dígitos. Se uma pessoa tentar abrir o cofre, quantas tentativas deverá fazer (no máximo) para conseguir abri-lo? (Suponha que a pessoa sabe que o segredo é formado por dígitos distintos.)

ANÁLISE COMBINATÓRIA

52. De quantas maneiras um técnico de futebol pode formar um quadro de 11 jogadores, escolhidos entre 22, dos quais 3 são goleiros e só o goleiro tem posição fixa?

53. No jogo de loto, de uma urna contendo 90 pedras numeradas de 1 a 90, quatro pedras são retiradas **sucessivamente**; qual é o número de extrações possíveis, tal que a terceira pedra seja 80?

54. Existem 10 cadeiras numeradas de 1 a 10. De quantas formas duas pessoas podem se sentar, devendo haver ao menos uma cadeira entre elas?

> **Solução**
>
> Inicialmente notemos que cada maneira de elas se sentarem corresponde a um par ordenado de números distintos escolhidos entre 1, 2, ..., 10.
>
> Exemplo: $(2, 6)$ $\begin{cases} \text{a pessoa A se senta na cadeira 2} \\ \text{a pessoa B se senta na cadeira 6} \end{cases}$
>
> $(6, 2)$ $\begin{cases} \text{a pessoa A se senta na cadeira 6} \\ \text{a pessoa B se senta na cadeira 2} \end{cases}$
>
> $(3, 4)$ $\begin{cases} \text{a pessoa A se senta na cadeira 3} \\ \text{a pessoa B se senta na cadeira 4} \end{cases}$
>
> Inicialmente, calculemos o total de pares ordenados, que é igual a $A_{10, 2} = 10 \cdot 9 = 90$.
>
> Agora temos que excluir os pares ordenados cujos elementos sejam números consecutivos. São eles:
>
> (1, 2) (2, 3) (3, 4) ... (9, 10) : 9 pares
>
> (2, 1) (3, 2) (4, 3) ... (10, 9) : 9 pares
>
> Ao todo, devemos excluir $9 + 9 = 18$ pares.
>
> Logo, o número de maneiras de as pessoas se sentarem, havendo ao menos uma cadeira entre elas, é $90 - 18 = 72$.
>
> É bastante importante o leitor notar a razão pela qual cada maneira é um par ordenado.
>
> (———, ———)
> ↑   ↑
> senta-se senta-se
> A   B

55. Uma urna contém m bolas numeradas de 1 até m; $r (r \leq m)$ bolas são extraídas sucessivamente. Qual o número de sequências de resultados possíveis se a extração for:

a) com reposição de cada bola após a extração?

b) sem reposição de cada bola após a extração?

ANÁLISE COMBINATÓRIA

56. Uma urna I contém 5 bolas numeradas de 1 a 5. Outra urna II contém 3 bolas numeradas de 1 a 3. Qual o número de sequências numéricas que podemos obter se extrairmos, sem reposição, 3 bolas da urna I e, em seguida, 2 bolas da urna II.

57. Existem duas urnas. A 1ª com 4 bolas numeradas de 1 a 4 e a 2ª com 3 bolas numeradas de 7 a 9. Duas bolas são extraídas da 1ª urna, sucessivamente e sem reposição, e em seguida 2 bolas são extraídas da 2ª urna, sucessivamente e sem reposição. Quantos números (de 4 algarismos) é possível formar nessas condições?

58. Se A e B são conjuntos e #A = n e #B = r, quantas funções f: A → B, injetoras, existem? ($1 \leq n \leq r$)

Solução

Sejam $\begin{cases} A = \{a_1, a_2, ..., a_n\} \\ B = \{b_1, b_2, ..., b_r\} \end{cases}$

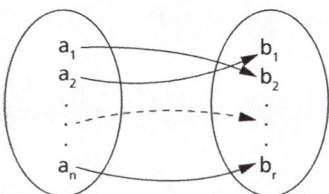

Notemos que, se f é injetora, então $f(a_i) \neq f(a_j)$ para todo $a_i \neq a_j$.

Por outro lado, cada função vai ser definida por uma ênupla de imagens, em que todos os elementos da ênupla devem ser distintos, pois a função é injetora.

Por exemplo, uma das funções é definida pela ênupla de imagens.

$(b_1, b_2, ..., b_k, b_{k+1}, ..., b_n)$
 ↑   ↑   ↑   ↑   ↑
$f(a_1)\ f(a_2)\ f(a_k)\ f(a_{k+1})\ f(a_n)$

Outra função é definida pela ênupla:

$(b_n, b_{n-1}, ..., b_{k+1}, b_k, ..., b_2, b_1)$
 ↑   ↑   ↑   ↑   ↑   ↑
$f(a_1)\ f(a_2)\quad f(a_{n-k})\ f(a_{n-k+1})\ f(a_{n-1})\ f(a_n)$

Logo, o número de funções é o número de arranjos dos r elementos de B, tomados n a n, isto é, $A_{r,n} = \dfrac{r!}{(r-n)!}$.

59. Qual é o número de funções injetoras definidas em A = {1, 2, 3} com valores em B = {0, 1, 2, 3, 4}?

60. Sejam A um conjunto finito com m elementos e I_n = {1, 2, ..., n}. Qual é o número de todas as funções definidas em I_n com valores em A?

ANÁLISE COMBINATÓRIA

61. Sejam A e B dois conjuntos tais que #A = #B = n > 0. Quantas funções f: A → B bijetoras existem?

62. Com os algarismos 1, 2, 3, 4, 5, 6, 7, 8 e 9, quantos números de 3 algarismos distintos podemos formar?

63. Qual é a quantidade de números de 3 algarismos que têm pelo menos 2 algarismos repetidos?

64. Quantos números pares de 3 algarismos distintos podemos formar com os algarismos 1, 3, 6, 7, 8, 9?

Solução

Cada número será uma tripla ordenada de algarismos escolhidos entre os dados. Como estamos interessados nos números pares, então nos interessam as triplas do tipo:

(—, —, 6) (1)

ou

(—, —, 8) (2)

O número de triplas do tipo (1) é $A_{5,2} = 20$ e o de triplas do tipo (2) é $A_{5,2} = 20$. Logo, o resultado procurado é 20 + 20 = 40.

65. Há placas de automóveis que são formadas por duas letras seguidas de 4 algarismos. Quantas placas podem ser formadas com as letras A e B e os algarismos pares, sem repetir nenhum algarismo?

66. Com os algarismos 1, 2, 3, 4, 5, 6, 7, 8 e 9, quantos números com algarismos distintos existem entre 500 e 1000?

67. Com os algarismos 1, 2, 3, 4, 5, quantos números de 3 algarismos (iguais ou distintos) existem?

68. Com os algarismos 1, 2, 3, ..., 9, quantos números de quatro algarismos existem, em que pelo menos dois algarismos são iguais?

69. Quantos números formados por 3 algarismos distintos escolhidos entre 2, 4, 6, 8, 9 contêm o 2 e não contêm o 6? (Lembre-se de que o 2 pode ocupar a 1ª, 2ª ou a 3ª posição.)

ANÁLISE COMBINATÓRIA

70. Com os dígitos 1, 2, 3, 4, 5, 6, quantos arranjos desses dígitos tomados 4 a 4 têm o dígito 1 antes do 4?

71. Com os algarismos 1, 2, 3, 4, 5, 6, quantos números pares de 3 algarismos distintos podemos formar?

72. Quantos números ímpares de 4 algarismos, sem repetição, podem ser formados com os dígitos 1, 2, 3, 4, 5 e 6?

73. Com os dígitos 2, 5, 6, 7, quantos números formados por 3 dígitos distintos ou não são divisíveis por 5?

74. Com os algarismos 1, 2, 3, 4, 5 e 6 são formados números de 4 algarismos distintos. Dentre eles, quantos são divisíveis por 5?

75. Qual é o total de números múltiplos de 4, com quatro algarismos distintos, que podem ser formados com os algarismos 1, 2, 3, 4, 5 e 6?

76. Formados e dispostos em ordem crescente todos os números que se obtêm permutando os algarismos 1, 2, 4, 6, 8, que lugar ocupa o número 68412?

    Solução

    Esse número é precedido pelos números da forma:

    (1) $(1, -, -, -, -)$ que são em número de $P_4 = 4!$

    (2) $(2, -, -, -, -)$ que são em número de $P_4 = 4!$

    (3) $(4, -, -, -, -)$ que são em número de $P_4 = 4!$

    (4) $(6, 1, -, -, -)$ que são em número de $P_3 = 3!$

    (5) $(6, 2, -, -, -)$ que são em número de $P_3 = 3!$

    (6) $(6, 4, -, -, -)$ que são em número de $P_3 = 3!$

    (7) $(6, 8, 1, -, -)$ que são em número de $P_2 = 2!$

    (8) $(6, 8, 2, -, -)$ que são em número de $P_2 = 2!$

    De (1), (2), ..., (8) concluímos que 68412 é precedido por um total de $4! + 4! + 4! + 3! + 3! + 3! + 2! + 2! = 94$ números. Portanto, a posição de 68412 é a 95ª.

ANÁLISE COMBINATÓRIA

77. Com os algarismos 1, 2, 3, 4 e 5 e sem repetição, pode-se escrever x números maiores que 2500. Qual é o valor de x?

78. Com os algarismos 0, 1, 2, 5 e 6, sem os repetir, quantos números compreendidos entre 100 e 1000 poderemos formar?

79. Formados e dispostos em ordem crescente os números que se obtêm permutando os algarismos 2, 3, 4, 8 e 9, que lugar ocupa o número 43892?

80. De quantas formas podemos preencher um cartão da loteria esportiva, com um único prognóstico duplo e todos os outros, simples?

81. Uma peça para ser fabricada deve passar por 7 máquinas, sendo que a operação de cada máquina independe das outras. De quantas formas as máquinas podem ser dispostas para montar a peça?

82. Consideremos m elementos distintos. Destaquemos k dentre eles. Quantos arranjos simples daqueles m elementos, tomados n a n ($A_{m,\,n}$), podemos formar, de modo que em cada arranjo haja sempre, contíguos e em qualquer ordem de colocação, r (r < n) dos k elementos destacados?

83. Com relação à palavra TEORIA:
    a) Quantos anagramas existem?
    b) Quantos anagramas começam por T?
    c) Quantos anagramas começam por T e terminam com A?
    d) Quantos anagramas começam por vogal?
    e) Quantos anagramas têm as vogais juntas?

Solução

a) Cada anagrama é uma permutação das letras T, E, O, R, I, A. Logo, o número procurado é:

$P_6 = 6! = 720$

b) T _ _ _ _ _

Neste caso temos somente que permutar as letras E, O, R, I, A. Logo, o número procurado é:

$P_5 = 5! = 120$

c) T _ _ _ _ A

Neste caso temos somente que permutar as letras E, O, R, I. Logo, o número procurado é:

$P_4 = 4! = 24$

d) Temos as seguintes possibilidades:

A _ _ _ _ _ 5! = 120 anagramas

E _ _ _ _ _ 5! = 120 anagramas

I _ _ _ _ _ 5! = 120 anagramas

O _ _ _ _ _ 5! = 120 anagramas

Logo, ao todo teremos: 120 + 120 + 120 + 120 = 480 anagramas.

e) Se as vogais A, E, I, O devem estar juntas, então elas funcionam como "uma letra" que deve ser permutada com T e R. Logo, o número de permutações é:

$P_3 = 3! = 6$

Todavia, em cada uma dessas permutações, as vogais podem se permutar entre si, de 4! = 24 formas.

Logo, o número de anagramas nessas condições é:

$6 \cdot 24 = 144$

84. Quantos anagramas da palavra FILTRO começam por consoantes?

85. Calcule o número total de inteiros positivos que podem ser formados com os algarismos 1, 2, 3 e 4, se nenhum algarismo é repetido em nenhum inteiro.

86. Uma palavra é formada por N vogais e N consoantes. De quantos modos distintos podem ser permutadas as letras dessa palavra, de modo que não apareçam juntas duas vogais ou duas consoantes?

87. Quantas palavras distintas podemos formar com a palavra PERNAMBUCO? Quantas começam com a sílaba PER?

88. Quantos anagramas da palavra PASTEL começam e terminam por consoante?

89. Calcule o número de anagramas da palavra REPÚBLICA, nos quais as vogais se mantêm nas respectivas posições.

90. De quantas formas podemos colocar 8 torres num tabuleiro de xadrez de modo que nenhuma torre possa "comer" outra?

91. Em um "horário especial", um diretor de televisão dispõe de 7 intervalos para anúncios comerciais. Se existirem 7 diferentes tipos de anúncios, de quantas formas o diretor poderá colocar os 7 nos intervalos destinados a eles?

ANÁLISE COMBINATÓRIA

92. Dez pessoas, entre elas Antônio e Beatriz, devem ficar em fila. De quantas formas isso pode ser feito se Antônio e Beatriz devem ficar sempre juntos?

> **Solução**
> Se Antônio e Beatriz devem ficar juntos, eles funcionam como "uma única pessoa", que junto com as outras 8 devem ser permutadas, dando um total de 9! permutações.
> Entretanto, em cada uma dessas permutações, Antônio e Beatriz podem ser permutados **entre si** (AB ou BA) de 2! = 2 formas.
> Logo, o total de permutações em que eles aparecem juntos (AB ou BA) é:
> 2 · 9!

93. De quantas formas 4 homens e 5 mulheres podem ficar em fila, se:
   a) os homens devem ficar juntos;
   b) os homens devem ficar juntos e as mulheres também?

94. Temos 5 meninos e 5 meninas. De quantas formas eles podem ficar em fila se meninos e meninas ficam em posições alternadas?

95. Considere um teste de múltipla escolha, com 5 alternativas distintas, sendo uma única correta. De quantos modos distintos podemos ordenar as alternativas, de maneira que a única correta não seja nem a primeira nem a última?

96. De quantas maneiras três casais podem ocupar 6 cadeiras, dispostas em fila, de tal forma que as duas das extremidades sejam ocupadas por homens?

97. De quantas formas 6 pessoas podem se sentar numa fileira de 6 cadeiras se duas delas (Geraldo e Francisco) se recusam a sentar um ao lado do outro?

98. As placas dos automóveis são formadas por três letras seguidas de quatro algarismos. Quantas placas podem ser formadas com as letras A, B e C junto com os algarismos pares, sem haver repetição de letras ou de algarismos?

99. No sistema decimal, quantos números de cinco algarismos (sem repetição) podemos escrever, de modo que os algarismos 0 (zero), 2 (dois) e 4 (quatro) apareçam agrupados?

Obervação: Considere somente números de 5 algarismos em que o primeiro algarismo é diferente de zero.

100. De quantas formas 4 pessoas podem se sentar ao redor de uma mesa circular?

Solução

Quando elementos são dispostos ao redor de um círculo; a cada disposição possível chamamos **permutação circular**. Além disso, duas permutações circulares são consideradas idênticas se, e somente se, quando percorrermos a circunferência no sentido anti-horário a partir de um mesmo elemento das duas permutações, encontramos elementos que formam sequências iguais.

Por exemplo, consideremos as permutações circulares:

1) Tomando o elemento A, a sequência encontrada é (A,C, D, B).

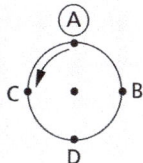

2) Tomando o elemento A, a sequência encontrada é (A, C, D, B).

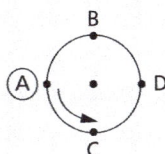

Logo, as duas permutações circulares são iguais. A igualdade das duas permutações circulares acima poderia ser observada, tomando-se outro elemento diferente de A. Por exemplo, D. Em (1) encontraremos a sequência (D, B, A, C) e em (2) encontraremos a sequência (D, B, A, C). Para resolvermos o exercício proposto, chamemos de x o número de permutações circulares. Notemos que a cada permutação circular de A, B, C, D correspondem 4 permutações de A, B, C, D.

Por exemplo: as permutações circulares do exemplo correspondem às permutações:

(A, C, D, B)   (D, B, A, C)
(C, D, B, A)   (B, A, C, D)

Por outro lado, no conjunto das permutações, a cada quatro permutações corresponde uma única permutação circular. Por exemplo:

(A, B, D, C)   (D, C, A, B)
(B, D, C, A)   (C, A, B, D)

correspondem a permutação circular:

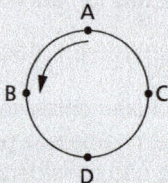

A cada conjunto de 4 permutações que definem uma determinada permutação circular chamamos de **classe**.

Como temos x permutações circulares, teremos x classes.

Observemos que a interseção de duas classes distintas é o conjunto vazio.

Logo, o número de permutações de A, B, C, D pode ser calculado de dois modos:

1º) $P_4 = 4!$

2º) existem x classes, cada qual com 4 permutações; logo, o total de permutações é $4 \cdot x$.

Portanto:

$4 \cdot x = 4! \Rightarrow x = \dfrac{4!}{4} = 3! = 6$

Observação:

Com raciocínio análogo ao anterior, podemos calcular o número de permutações circulares de $n(n \geq 2)$ elementos, da seguinte forma:

1) existem n! permutações dos *n* elementos;

2) existem x permutações circulares em que a cada uma correspondem *n* permutações.

Logo: $n \cdot x = n! \Rightarrow \boxed{x = \dfrac{n!}{n} = (n-1)!}$

que é o número de permutações circulares de *n* elementos.

101. De quantas formas 12 crianças podem formar uma roda?

102. Quantos colares podemos formar usando quatro contas, todas diferentes?

103. Temos *m* meninos e *m* meninas. De quantas formas eles podem formar uma roda, de modo que os meninos e as meninas se alternem?
Sugestão: Suponha m = 3 e forme primeiro a roda só com meninos. Depois que o leitor "sentir" o problema para m = 3, deve resolver para *m* qualquer.

104. Mostre que:
   a) $5! + 7! \neq 12!$
   b) $8! - 3! \neq 5!$
   c) $2 \cdot (5!) \neq (2 \cdot 5)!$

105. Resolva a equação: $A_{n,4} = 12 \cdot A_{n,2}$.

Solução
Observemos que a equação só tem solução para $n \geq 4$.

Temos:
$n(n-1)(n-2)(n-3) = 12 \cdot n \cdot (n-1)$.
Como $n(n-1) \neq 0$, resulta:
$(n-2)(n-3) = 12$
$n^2 - 5n + 6 = 12$
$n^2 - 5n - 6 = 0 \begin{cases} 6 \\ -1 \text{ (não convém)} \end{cases}$

o conjunto solução é $\{6\}$.

106. Obtenha m, sabendo que: $\dfrac{A_{m,3}}{A_{m,2}} = 4$.

107. Se $\dfrac{A_{n-1,3}}{A_{n,3}} = \dfrac{3}{4}$, calcule n.

108. Resolva a equação: $A_{m,3} = 30\,m$.

109. Obtenha m na equação $(m+2)! = 72 \cdot m!$

110. Resolva a equação $(n-6)! = 720$.

111. Calcule n, sabendo que $2A_{n,2} + 50 = A_{2n,2}$.

112. Prove que, $\forall n \in \mathbb{N}$ com $n \geq 2$, $n! - (n-2)! = (n^2 - n - 1)(n-2)!$

113. Prove que:
   a) $\dfrac{1}{n!} - \dfrac{1}{(n+1)!} = \dfrac{n}{(n+1)!}$
   b) $(m!)^2 = [(m+1)! - m!] \cdot (m-1)!$

ANÁLISE COMBINATÓRIA

114. Exprima mediante fatoriais $2 \cdot 4 \cdot 6 \cdot 8 \cdot \ldots \cdot (2 \cdot n)$.

> **Solução**
> $2 \cdot 4 \cdot 6 \cdot \ldots \cdot (2n) = (2 \cdot 1) \cdot (2 \cdot 2) \cdot (2 \cdot 3) \cdot \ldots \cdot (2 \cdot n) =$
> $= \underbrace{(2 \cdot 2 \cdot 2 \cdot \ldots \cdot 2)}_{n \text{ fatores}} (1 \cdot 2 \cdot 3 \cdot \ldots \cdot n) = 2^n \cdot n!$

115. Exprima mediante fatoriais:
  a) $1 \cdot 3 \cdot 5 \cdot \ldots \cdot (2n - 1)$
  b) $1^2 \cdot 2^2 \cdot 3^2 \cdot \ldots \cdot n^2$

116. Simplifique a expressão $\dfrac{(k!)^3}{\{(k-1)!\}^2}$.

117. Simplifique a expressão $\dfrac{(n-r+1)!}{(n-r-1)!}$.

118. Simplifique a expressão $[(m+2)! - (m+1)!]m!$

119. Simplifique a expressão $1 \cdot 1! + 2 \cdot 2! + \ldots + m \cdot m!$, sabendo que:
$m \cdot m! = (m + 1)! - m!$

120. Simplifique a expressão $n^2 \cdot (n-2)! \left(1 - \dfrac{1}{n}\right)$, para $n \geq 2$.

121. Prove que:
$$\sum_{i=1}^{k} \dfrac{i}{(i+1)!} = 1 - \dfrac{1}{(n+1)!}$$

Sugestão: Desenvolva a somatória e use a identidade:

$$\dfrac{1}{i!} - \dfrac{1}{(i+1)!} = \dfrac{i}{(i+1)!}$$

122. Mostre que:
$$\dfrac{1}{n!} + \dfrac{1}{(n+1)!} = \dfrac{n+2}{(n+1)!}$$

123. Mostre que $\dfrac{(n+2)! + (n+1) \cdot (n-1)!}{(n+1) \cdot (n-1)!}$ é um quadrado perfeito.

VIII. Combinações

30. Seja M um conjunto com *m* elementos, isto é, M = $\{a_1, a_2, ..., a_m\}$. Chamamos de combinações dos *m* elementos, tomados *r* a *r*, aos subconjuntos de M constituídos de *r* elementos.

31. Exemplo:

M = {a, b, c, d}
    As combinações dos 4 elementos, tomados dois a dois, são os subconjuntos:
{a, b} {b, c} {c, d}
{a, c} {b, d}
{a, d}

32. Notemos que {a, b} = {b, a} pois, conforme definimos, combinação é um conjunto, portanto **não depende da ordem dos elementos**.

    É importante notar a diferença entre uma combinação (conjunto) e uma sequência, pois numa combinação **não importa a ordem dos elementos**, ao passo que numa sequência **importa a ordem dos elementos**.
    A própria natureza do problema a ser resolvido nos dirá se os agrupamentos a serem formados dependem ou não da ordem em que figuram os elementos.

33. Cálculo do número de combinações

    Seja M = $\{a_1, a_2, ..., a_m\}$ e indiquemos por $C_{m,r}$ ou $\binom{m}{r}$ o número de combinações dos *m* elementos tomados *r* a *r*.
    Tomemos uma combinação, digamos esta: $E_1 = \{a_1, a_2, a_3, ..., a_r\}$. Se permutarmos os elementos de E_1, obteremos r! arranjos.
    Se tomarmos outra combinação, digamos: $E_2 = \{a_2, a_3, ..., a_r, a_{r+1}\}$, permutando os elementos de E_2, obteremos outros r! arranjos.
    Chamemos de x o número de combinações, isto é, x = $C_{m,r}$ e suponhamos formadas todas as combinações dos *m* elementos tomados *r* a *r*. São elas:

$E_1, E_2, E_3, ..., E_x$

    Cada combinação E_i dá origem a r! arranjos. Chamemos de F_i o conjunto dos arranjos gerados pelos elementos de E_i.

ANÁLISE COMBINATÓRIA

Temos então a seguinte correspondência:

$E_1 \to F_1$

$E_2 \to F_2$

$\vdots \quad \vdots \quad \vdots$

$E_x \to F_x$

Verifiquemos que:

(1) $F_i \cap F_j = \emptyset$ para $i \neq j$

(2) $F_1 \cup F_2 \cup F_3 \cup ... \cup F_x = F$, em que F é o número de arranjos dos m elementos de M tomados r a r.

Temos:

(1) Se $F_i \cap F_j \neq \emptyset$ (para $i \neq j$), então existiria um arranjo que pertenceria a F_i e F_j simultaneamente.

Tomando os elementos desse arranjo obteríamos que coincidiria com E_i e E_j e, portanto, $E_i = E_j$. Isto é absurdo, pois quando construímos todas as combinações: $E_i \neq E_j$ (para $i \neq j$).

Logo, $F_i \cap F_j = \emptyset$.

(2) Para provarmos que $F_1 \cup F_2 \cup ... \cup F_x = F$, provemos que:

$$\begin{cases} F_1 \cup F_2 \cup ... \cup F_x \subset F \text{ e} \\ F \subset F_1 \cup F_2 \cup ... \cup F_x \end{cases}$$

a) Seja a um arranjo tal que:

$a \in F_1 \cup F_2 \cup ... \cup Fx$

Então $a \in F_1$ (para algum $i \in \{1, 2, ... x\}$) e, evidentemente, $a \in F$; logo:

$F_1 \cup F_2 \cup F_3 \cup ... \cup F_x \subset F$

b) Seja agora a um arranjo tal que $a \in F$. Se tomarmos os elementos desse arranjo a, obteremos uma das combinações, digamos E_i. Ora, como E_i gera o conjunto dos arranjos F_i, então $a \in F_i$ e, portanto:

$a \in F_1 \cup F_2 \cup ... \cup F_i \cup ... \cup F_x$

Então:

$F \subset F_1 \cup F_2 \cup ... \cup F_x$

ANÁLISE COMBINATÓRIA

De (a) a (b) resulta que:

$F_1 \cup F_2 \cup ... \cup F_x = F$

Sabemos ainda que, se x conjuntos são disjuntos dois a dois, o número de elementos da união deles é a soma do número de elementos de cada um.

Isto é,

$\#(F_1 \cup F_2 \cup ... \cup F_x) = \#F \Rightarrow \#F_1 + \#F_2 + ... + \#F_x = \#F$

$r! + r! + ... + r! = \dfrac{m!}{(m-r)!} \Rightarrow x \cdot r! = \dfrac{m!}{(m-r)!}$

Logo:

$$x = \dfrac{m!}{(m-r)!\, r!}$$

Como x indica $C_{m,r}$ $\left(\text{ou } \binom{m}{r}\right)$, temos a fórmula do número de combinações:

$$C_{m,r} = \binom{m}{r} = \dfrac{m!}{r!\,(m-r)!} \qquad \forall m, r \in \mathbb{N}^*, r < m$$

34. Casos particulares

1º caso: $m, r \in \mathbb{N}^*$ e $r = m$

$\begin{cases} C_{m,m} = 1 \\ \dfrac{m!}{m!(m-m)!} = 1 \end{cases}$

2º caso: $m \in \mathbb{N}^*$ e $r = 0$

$\begin{cases} C_{m,0} = 1 \text{ (o único subconjunto com 0 elemento é o vazio)} \\ \dfrac{m!}{0!\,(m-0)!} = 1 \end{cases}$

3º caso: $m = 0$ e $r = 0$

$\begin{cases} C_{0,0} = 1 \text{ (o único subconjunto do conjunto vazio é o próprio vazio)} \\ \dfrac{0!}{0!\,(0-0)!} = 1 \end{cases}$

ANÁLISE COMBINATÓRIA

Em virtude da análise dos casos particulares, concluímos que a fórmula

$$C_{m,r} = \binom{m}{r} = \frac{m!}{r!\,(m-r)!}$$

é válida $\forall m, r \in \mathbb{N}$ com $r \leq m$.

35. Exemplos:

1º) Deseja-se formar uma comissão de três membros e dispõe-se de dez funcionários. Quantas comissões podem ser formadas?

Notemos que cada comissão é um subconjunto de três elementos (pois em cada comissão não importa a ordem dos elementos). Logo, o número de comissões é:

$$\binom{10}{3} = C_{10,3} = \frac{10!}{3!\,7!} = 120$$

2º) Temos 7 cadeiras numeradas de 1 a 7 e desejamos escolher 4 lugares entre os existentes. De quantas formas isso pode ser feito?

Cada escolha de 4 lugares corresponde a uma combinação dos 7 elementos, tomados 4 a 4, pois a ordem dos números escolhidos não interessa (escolher os lugares 1, 2, 4, 7 é o mesmo que escolher os lugares 7, 2, 4, 1). Logo, o resultado procurado é:

$$C_{7,4} = \binom{7}{4} = \frac{7!}{4!\,3!} = 35$$

EXERCÍCIOS

124. Calcule os números:

a) $\binom{6}{2}$ b) $\binom{6}{4}$ c) $\binom{8}{0}$

125. Obtenha todas as combinações dos elementos de $M = \{7, 8, 9, 0\}$, tomados dois a dois.

126. Um conjunto A possui *n* elementos, sendo n ⩾ 4. Determine o número de subconjuntos de A com 4 elementos.

127. O conjunto A tem 45 subconjuntos de 2 elementos. Qual é o número de elementos de A?

128. Sabendo que $\dfrac{C_{8,\,p+2}}{C_{8,\,p+1}} = 2$, determine o valor de *p*.

129. Calcule *p*, sabendo que $A_{m,\,p} = C_{m,\,p}$ ∀m e 0 ⩽ p < m.

130. Calcule $A_{m,\,3}$, sabendo que $C_{m,\,3} = 84$.

131. Se $\binom{n}{2} = 28$, determine *n*.

132. Determine *x* na equação $A_{x,\,3} - 6 \cdot C_{x,\,2} = 0$.

133. Determine *n*, sabendo que $A_{n+1,\,4} = 20 \cdot C_{n,\,2}$.

134. Qual é o número *m* de objetos de uma coleção que satisfaz a igualdade $A_{m,\,3} - C_{m,\,3} = 25 \cdot C_{m,\,m-1}$.

135. Seja *a*, a ⩾ 6, a solução da equação $A_{n+2,\,7} = 10\,080 \cdot C_{n+1,\,7}$. Então, sendo $f(x) = x^2 - 3x + 1$, calcule f(a).

136. Determine *m*, sabendo que $A_{m,\,5} = 180 \cdot C_{m,\,3}$.

137. Determine o valor de *p* na equação $\dfrac{A_{p,\,3}}{C_{p,\,4}} = 12$.

138. Resolva o sistema: $\begin{cases} C_{n,\,p} = 78 \\ A_{n,\,p} = 156 \end{cases}$

139. Prove que o produto de *m* fatores inteiros positivos e consecutivos é divisível por m!

Sugestão: Procure relacionar o produto dado com alguma fórmula conhecida.

140. Uma prova consta de 15 questões, das quais o aluno deve resolver 10. De quantas formas ele poderá escolher as 10 questões?

Solução

Notemos que a ordem em que o aluno escolher as 10 questões não interessa. Por exemplo, resolver as questões 1, 2, 3, 4, 5, 6, 7, 8, 9, 10 é o mesmo que resolver as questões 10, 9, 8, 7, 6, 5, 4, 3, 2, 1.

ANÁLISE COMBINATÓRIA

> Logo, cada maneira de escolher 10 questões é uma combinação das 15 questões, tomadas 10 a 10, isto é:
>
> $\binom{15}{10} = \frac{15!}{10!\,5!} = 3003$

141. De um baralho de 52 cartas, são extraídas 4 cartas sucessivamente e sem reposição. Qual o número de resultados possíveis, se não levarmos em conta a ordem das cartas extraídas?

142. Em uma reunião social, cada pessoa cumprimentou todas as outras, havendo ao todo 45 apertos de mão. Quantas pessoas havia na reunião?

143. Quantos produtos podemos obter se tomarmos 3 fatores distintos escolhidos entre 2, 3, 5, 7 e 11?

144. Um grupo tem 10 pessoas. Quantas comissões de no mínimo 4 pessoas podem ser formadas, com as disponíveis?

145. Um salão tem 10 portas. De quantas maneiras diferentes este salão poderá ser aberto?

146. Dez clubes de futebol disputaram um campeonato em dois turnos. No final, dois clubes empataram na primeira colocação, havendo mais um jogo de desempate. Quantos jogos foram disputados?

147. De quantas formas podemos escolher 4 cartas de um baralho de 52 cartas, sem levar em conta a ordem delas, de modo que em cada escolha haja pelo menos um rei?

> **Solução**
>
> Como não levamos em conta a ordem das cartas, cada escolha é uma combinação. O número total de combinações é $\binom{52}{4}$. O número de combinações em que não comparece o rei é $\binom{48}{4}$. Logo, a diferença $\binom{52}{4} - \binom{48}{4}$ é o número de combinações em que comparece ao menos um rei.

148. O sr. Moreira, dirigindo-se ao trabalho, vai encontrando seus amigos e levando-os juntos no seu carro. Ao todo, leva 5 amigos, dos quais apenas 3 são conhecidos entre si. Feitas as apresentações, os que não se conheciam apertam-se as mãos dois a dois. Qual é o total de apertos de mão?

ANÁLISE COMBINATÓRIA

149. Existem 10 jogadores de futebol de salão, entre eles João, que por sinal é o único que joga como goleiro. Nessas condições, quantos times de 5 pessoas podem ser escalados?

150. Um time de futebol de salão deve ser escalado a partir de um conjunto de 10 jogadores (entre eles Ari e Arnaldo). De quantas formas isso pode ser feito, se Ari e Arnaldo devem necessariamente ser escalados?

151. Um professor conta exatamente 3 piadas no seu curso anual. Ele tem por norma nunca contar num ano as mesmas 3 piadas que contou em qualquer outro ano. Qual é o número mínimo de piadas diferentes que ele pode contar em 35 anos?

152. Uma equipe brasileira de automobilismo tem 4 pilotos de diferentes nacionalidades, sendo um único brasileiro. Ela dispõe de 4 carros, de cores distintas, dos quais somente um foi fabricado no Brasil. Sabendo que obrigatoriamente ela deve inscrever, em cada corrida, pelo menos um piloto ou carro brasileiros, qual é o número de inscrições diferentes que ela pode fazer, para uma corrida da qual irá participar com 3 carros?

153. Um químico possui 10 (dez) tipos de substâncias. De quantos modos possíveis poderá associar 6 (seis) dessas substâncias se, entre as dez, duas somente não podem ser juntadas porque produzem mistura explosiva?

154. Um grupo consta de 20 pessoas, das quais 5 matemáticos. De quantas formas podemos formar comissões de 10 pessoas de modo que:
a) nenhum membro seja matemático?
b) todos os matemáticos participem da comissão?
c) haja exatamente um matemático na comissão?
d) pelo menos um membro da comissão seja matemático?

155. De um grupo de 10 pessoas deseja-se formar uma comissão com 5 membros. De quantas formas isso pode ser feito, se duas pessoas (A e B) ou fazem parte da comissão, ou não?

156. Uma organização dispõe de 10 economistas e 6 administradores. Quantas comissões de 6 pessoas podem ser formadas de modo que cada comissão tenha no mínimo 3 administradores?

157. Uma empresa tem 3 diretores e 5 gerentes. Quantas comissões de 5 pessoas podem ser formadas, contendo no mínimo um diretor?

158. Numa classe de 10 estudantes, um grupo de 4 será selecionado para uma excursão. De quantas maneiras o grupo poderá ser formado se dois dos dez são marido e mulher e só irão juntos?

159. Um homem possui 8 pares de meias (todos distintos). De quantas formas ele pode selecionar 2 meias, sem que elas sejam do mesmo par?

160. Temos 10 homens e 10 mulheres. Quantas comissões de 5 pessoas podemos formar se em cada uma deve haver 3 homens e 2 mulheres?

> **Solução**
>
> Podemos escolher 3 homens entre 10 de $\binom{10}{3} = 120$ formas e podemos escolher 2 mulheres entre 10 de $\binom{10}{2} = 45$ formas.
>
> Cada grupo de 3 homens pode se juntar com um dos 45 grupos de mulheres, formando uma comissão. Como existem 120 grupos de homens, teremos ao todo $120 \cdot 45 = 5400$ comissões.

161. Temos 5 homens e 6 mulheres. De quantas formas:
   a) podemos formar uma comissão de 3 pessoas?
   b) podemos formar uma comissão de 3 pessoas de modo que haja 2 homens e uma mulher na mesma comissão?

162. Um lote contém 50 peças boas e 10 defeituosas. Extraindo-se 8 peças (sem reposição), não levando em conta sua ordem, de quantas formas podemos obter 4 peças boas e 4 defeituosas?

163. Em uma urna existem 12 bolas, das quais 7 são pretas e 5 brancas. De quantos modos podemos tirar 6 bolas da urna, das quais 2 são brancas?

164. Quantos subconjuntos de 5 cartas contendo exatamente 3 ases podem ser formados de um baralho de 52 cartas?

165. Uma urna contém 3 bolas vermelhas e 5 brancas. De quantas formas podemos extrair 2 bolas, sem reposição e sem levar em conta a ordem na extração, de modo que:
   a) as duas sejam vermelhas?
   b) as duas sejam brancas?
   c) uma seja vermelha e a outra branca?

166. Uma urna contém 10 bolas brancas e 6 pretas. De quantos modos é possível tirar 7 bolas, das quais pelo menos 4 sejam pretas?

167. A diretoria de uma firma é constituída por 7 diretores brasileiros e 4 japoneses. Quantas comissões de 3 brasileiros e 3 japoneses podem ser formadas?

168. Deve ser formada uma comissão constituída de 3 estatísticos e 3 economistas, escolhidos entre 7 estatísticos e 6 economistas. De quantas maneiras diferentes poderão ser formadas essas comissões?

169. Em um congresso há 30 professores de Matemática e 12 de Física. Quantas comissões poderíamos organizar compostas de 3 professores de Matemática e 2 de Física?

170. Quer-se criar uma comissão constituída de um presidente e mais 3 membros. Sabendo que as escolhas devem ser feitas dentre um grupo de 8 pessoas, quantas comissões diferentes podem ser formadas com essa estrutura?

171. Em um grupo de 15 pessoas existem 5 médicos, 7 engenheiros e 3 advogados. Quantas comissões de 5 pessoas podemos formar, cada qual constituída de 2 médicos, 2 engenheiros e 1 advogado?

172. Os ingleses têm o costume de dar alguns nomes para as crianças. Qual é o número de maneiras diferentes de chamar uma criança, se existem 300 nomes diferentes e se uma criança não pode ter mais do que 3 nomes, todos diferentes entre si, e não se leva em conta sua ordem?

173. Em uma sala há 8 cadeiras e 4 pessoas. De quantos modos distintos essas pessoas poderão ocupar as cadeiras?

174. Existem 7 voluntários para exercer 4 funções distintas. Qualquer um deles está habilitado para exercer qualquer uma dessas funções. Portanto, podem ser escolhidos quaisquer 4 dentre os 7 voluntários e atribuir a cada um deles uma das 4 funções. Quantas possibilidades existem para essa atribuição?

175. Existem 5 pontos, entre os quais não existem 3 colineares. Quantas retas eles determinam?

176. Quantos planos são determinados por quatro pontos distintos e não coplanares?

177. Quantos triângulos são determinados por n pontos distintos do plano, e não alinhados 3 a 3?

178. Há 12 pontos, A, B, C, ..., dados num plano α, sendo que 3 desses pontos nunca pertencem a uma mesma reta. Qual é o número de triângulos que podemos formar, utilizando os 12 pontos e tendo o ponto A como um dos vértices?

179. Num plano existem 20 pontos, dos quais 3 nunca são colineares, exceto 6 que estão sobre uma mesma reta. Encontre o número de retas que esses pontos determinam.

180. Numa circunferência são tomados 8 pontos distintos.
    a) Ligando-se 2 desses pontos, quantas cordas podem ser traçadas?
    b) Ligando-se 3 desses pontos, quantos triângulos podem ser formados?
    c) Ligando-se 6 desses pontos, quantos hexágonos podem ser formados?

ANÁLISE COMBINATÓRIA

181. Quantas diagonais tem um polígono regular de n lados?

> **Solução**
>
> O polígono tem n vértices: $A_1, A_2, ..., A_n$. Cada segmento é determinado por um par não ordenado de dois vértices $\left(\overline{A_1A_2} = \overline{A_2A_1}, \text{por exemplo}\right)$.
>
> O número total de segmentos determinados será então $\binom{n}{2}$. Entre esses segmentos estão incluídos os lados e as diagonais. Como existem n lados, o número de diagonais será:
>
> $$\binom{n}{2} - n = \frac{n!}{(n-2)!\,2} - n = \frac{n(n-1)}{2} - n = \frac{n^2 - n - 2n}{2} =$$
>
> $$= \frac{n^2 - 3n}{2} = \frac{n \cdot (n-3)}{2}$$

182. Quantas diagonais, não das faces, tem:

a) um cubo? b) um octaedro?

183. Sabe-se que o número total de vértices de um dodecaedro regular é 20 e que as faces são pentágonos. Quantas retas ligam dois vértices do dodecaedro, não pertencentes à mesma face?

184. Quantas diagonais, não das faces, tem um prisma cuja base é um polígono de n lados?

185. No espaço existem 7 pontos, entre os quais não existem 4 pontos coplanares. Quantos planos eles determinam?

186. No espaço existem n pontos, entre os quais não existem 4 coplanares, com exceção de 5 que estão num mesmo plano. Quantos planos os n pontos determinam?

187. Num plano são dados 19 pontos, entre os quais não se encontram 3 alinhados, nem 4 situados sobre uma mesma circunferência. Fora do plano, é dado mais um ponto. Quantas superfícies esféricas existem, cada uma passando por 4 dos 20 pontos dados?

188. São dados 12 pontos em um plano, dos quais 5 e somente 5 estão alinhados. Quantos triângulos distintos podem ser formados com vértices em 3 quaisquer dos 12 pontos?

Solução

Cada combinação de 3 pontos, entre os 12 existentes, dá origem a um triângulo, com exceção das combinações de 3 pontos, tomados entre os 5 alinhados; logo, o número de triângulos que podem ser formados é:

$$\binom{12}{3} - \binom{5}{3} = 210$$

189. São dadas 2 retas paralelas. Marcam-se 10 pontos distintos sobre uma e 8 pontos distintos sobre a outra. Quantos triângulos podemos formar ligando 3 quaisquer desses 18 pontos?

190. Seja P o conjunto dos pontos de p retas (p ⩾ 2), duas a duas paralelas, de um plano. Seja Q o conjunto dos pontos de q(q ⩾ 2) retas, duas a duas paralelas do mesmo plano, concorrentes com as *p* primeiras. Calcule o número total de paralelogramos de vértices pertencentes ao conjunto P ∩ Q e de lados contidos no conjunto P ∪ Q.

191. Com as letras *a, e, i, o, b, c, d, f, g*, quantas palavras (com ou sem sentido) de 6 letras distintas podem ser formadas, usando-se 3 vogais e 3 consoantes?

192. De quantas maneiras diferentes podemos colocar os 4 cavalos de um jogo de xadrez (2 brancos iguais e 2 pretos iguais) no tabuleiro do mesmo jogo (64 casas)?

193. Obtenha o número de maneiras que nove algarismos 0 e seis algarismos 1 podem ser colocados em sequência de modo que dois algarismos 1 não apareçam juntos.

Solução

− 0 − 0 − 0 − 0 − 0 − 0 − 0 − 0 − 0 −

Dispostos os nove zeros, existem 10 posições que os algarismos 1 podem ocupar (ver esquema acima).

Como existem 6 algarismos 1, precisamos escolher 6 lugares entre os 10 existentes.

Isso pode ser feito de $\binom{10}{6} = 210$ modos.

194. De quantas formas podemos alinhar em sequência *p* sinais "+" e *q* sinais "−" de modo que 2 sinais "−" nunca fiquem juntos?

(Observação: É dado que p + 1 ⩾ q.)

ANÁLISE COMBINATÓRIA

195. Considere as combinações de *p* elementos tomados *m* a *m*. Qual é a razão entre o número de combinações em que figura um certo elemento e o número de combinações em que esse elemento não figura?

196. Calcule o número de combinações de 8 elementos, 3 a 3, que contêm um determinado elemento.

197. Qual é o número de combinações de *n* elementos *p* a *p* que contêm *k* elementos determinados?

IX. Permutações com elementos repetidos

36. Consideremos a palavra ANA e procuremos seus anagramas. Vamos indicar por A* o segundo A. Teremos, então:

$$\text{ANA*, AA*N, NAA*, NA*A, A*NA, A*AN}$$
$$(1) \quad (2) \quad (3) \quad (4) \quad (5) \quad (6)$$

Notemos que as permutações:

(1) e (5) são iguais;
(2) e (6) são iguais;
(3) e (4) são iguais.

Na verdade, não temos 3! = 6 permutações distintas, mas apenas 3, que são:

$$\text{ANA, AAN, NAA.}$$

Essa diminuição do número de permutações decorreu do fato de termos duas letras iguais, A e A, no conjunto das letras a serem permutadas. É intuitivo perceber que o fato de existirem letras repetidas para serem permutadas acarreta uma diminuição do número de permutações, em relação ao número que teríamos, se todas fossem distintas.

37. Vamos calcular o número de permutações que podemos formar quando alguns elementos a serem permutados são iguais.

1º caso:

Consideremos *n* elementos, dos quais n_1 são iguais a a_1 e os restantes são todos distintos entre si e distintos de a_1.

Indiquemos por $P_n^{n_1}$ o número de permutações nessas condições e calculemos esse número.

ANÁLISE COMBINATÓRIA

Cada permutação dos *n* elementos é uma ênupla ordenada de elementos em que devem figurar n_1 elementos iguais a a_1 e os restantes $n - n_1$ elementos distintos $\underbrace{(-, -, -, ..., -)}_{n \text{ elementos}}$.

Façamos o seguinte raciocínio: das *n* posições que existem na permutação, vamos escolher $n - n_1$ posições, para colocar os elementos todos distintos de a_1.

Existem $\binom{n}{n - n_1}$ modos de escolher essas posições.

Para cada escolha de $(n - n_1)$ posições, existem $(n - n_1)!$ modos em que os $(n - n_1)$ elementos podem ser permutados. Logo, existem ao todo

$$\binom{n}{n - n_1} \cdot (n - n_1)! = \frac{n!}{n_1!}$$

formas de dispormos os elementos distintos de a_1, na permutação.

Uma vez colocados esses elementos distintos, a posição dos elementos repetidos a_1 fica determinada (de uma só forma) pelos lugares restantes.

Logo, existem $\dfrac{n!}{n_1!}$ permutações com n_1 elementos iguais a a_1. Isto é:

$$\boxed{P_n^{n_1} = \frac{n!}{n_1!}}$$

Exemplo:
Quantos anagramas existem da palavra PARAGUAI?

Temos $\begin{cases} A, A, A \to \text{elementos repetidos} \\ P \\ R \\ G \\ U \\ I \end{cases}$

$n = 8$ e $n_1 = 3$, logo: $P_8^3 = \dfrac{8!}{3!} = 8 \cdot 7 \cdot 6 \cdot 5 \cdot 4 = 6\,720$

ANÁLISE COMBINATÓRIA

2º caso:

Consideremos n elementos, dos quais n_1 são iguais a a_1: $\underbrace{a_1, a_1, ..., a_1}_{n_1}$; n_2 são iguais a a_2: $\underbrace{a_2, a_2, ..., a_2}_{n_2}$

e os restantes são todos distintos entre si e distintos de a_1 e de a_2. Indiquemos por $P_n^{n_1, n_2}$ o número de permutações, nessas condições.

Cada permutação dos n elementos é uma ênupla ordenada de elementos em que devem figurar n_1 elementos iguais a a_1, n_2 elementos iguais a a_2 e os $n - n_1 - n_2$ elementos restantes.

Façamos o seguinte raciocínio: das n posições que existem na permutação, vamos escolher $n - n_2$ lugares para colocar todos os elementos, com exceção dos iguais a a_2. Existem $\binom{n}{n - n_2}$ modos de escolher esses lugares. Para cada uma dessas escolhas, existirão $P_{n-n_2}^{n_1}$ modos em que os $n - n_2$ elementos podem ser permutados (lembremos que, dos elementos a serem permutados agora, existem n_1 iguais a a_1). Ao todo existirão

$$\binom{n}{n-n_2} \cdot P_{n-n_2}^{n_1} = \frac{n!}{(n-n_2)! \, n_2!} \cdot \frac{(n-n_2)!}{n_1!} = \frac{n!}{n_1! \, n_2!}$$

formas de arranjar na permutação todos os elementos, com exceção de a_2.

Uma vez arranjados esses elementos na permutação, as posições dos elementos repetidos a_2 ficam determinadas (de uma única forma) pelos lugares restantes. Logo, existirão $\frac{n!}{n_1! \, n_2!}$ permutações com n_1 elementos iguais a a_1 e n_2 elementos iguais a a_2. Isto é:

$$\boxed{P_n^{n_1, n_2} = \frac{n!}{n_1! \, n_2!}}$$

38. Exemplos:

1º) Quantos anagramas existem da palavra **ANALITICA**?

Temos $\begin{cases} A, A, A \rightarrow \text{elementos repetidos} \\ I, I \quad \rightarrow \text{elementos repetidos} \\ N \\ L \\ T \\ C \end{cases}$

$n = 9, n_1 = 3, n_2 = 2$

Logo:

$P_9^{3,2} = \dfrac{9!}{3!\,2!} = 30\,240$

2º) Existem 6 bandeiras (de mesmo formato), sendo 3 vermelhas e 3 brancas. Dispondo-as ordenadamente num mastro, quantos sinais diferentes podem ser emitidos com elas?

Temos:

Cada sinal emitido consta de uma permutação de 6 bandeiras, sendo 3 iguais a V (vermelhas) e 3 iguais a B (brancas).

Isto é, $n = 6, n_1 = 3, n_2 = 3$.

Portanto, existem:

$P_6^{3,3} = \dfrac{6!}{3!\,3!} = 20$ sinais.

39. Caso geral

Consideremos n elementos, dos quais:

n_1 são iguais a a_1
n_2 são iguais a a_2
$\vdots \qquad \vdots \qquad \vdots$
n_r são iguais a a_r

Usando raciocínio análogo ao do 1º e do 2º caso, poderemos calcular o número de permutações nessas condições (indicado por $P_n^{n_1,\,n_2,\,\ldots,\,n_r}$) através da fórmula:

$$P_n^{n_1,\,n_2,\,\ldots,\,n_r} = \dfrac{n!}{n_1!\,n_2!\,\ldots\,n_r!}$$

ANÁLISE COMBINATÓRIA

É fácil ver que no caso particular de $n_1 = n_2 = ... = n_r = 1$ obteremos:

$P_n^{1, 1, ..., 1} = n!$

que é o número de permutações de *n* elementos distintos.

EXERCÍCIOS

198. De quantas formas 8 sinais "+" e 4 sinais "−" podem ser colocados em uma sequência?

199. Quantos números de 6 algarismos podemos formar permutando os algarismos 2, 2, 3, 3, 3, 5?

200. Sobre uma mesa são colocadas em linha 6 moedas. Quantos são os modos possíveis de colocar 2 caras e 4 coroas voltadas para cima?

201. Quantos anagramas existem da palavra AMARILIS?

202. Se uma pessoa gasta exatamente um minuto para escrever cada anagrama da palavra ESTATÍSTICA, quanto tempo levará para escrever todos, se não deve parar nenhum instante para descansar?

203. Uma moeda é lançada 20 vezes. Quantas sequências de caras e coroas existem, com 10 caras e 10 coroas?

204. Quantos números de 7 algarismos existem nos quais comparecem uma só vez os algarismos 3, 4, 5 e quatro vezes o algarismo 9?

205. Uma urna contém 3 bolas vermelhas e 2 amarelas. Elas são extraídas uma a uma sem reposição. Quantas sequências de cores podemos observar?

206. Um homem encontra-se na origem de um sistema cartesiano ortogonal. Ele só pode dar um passo de cada vez, para norte (N) ou para leste (L). Quantas trajetórias (caminhos) existem da origem ao ponto P(7, 5)?

> **Solução**
>
> Notemos inicialmente que o homem terá que dar, ao todo, 7 + 5 = 12 passos (7 para leste e 5 para norte).
>
> Cada trajetória possível é, então, uma sequência de 12 elementos, sendo 7 L e 5 N.

A trajetória da figura é:

(L, N, N, L, L, L, N, L, N, N, L, L).

Se quisermos o número de trajetórias, teremos que calcular então o número de permutações com repetição de 12 elementos, sendo 7 L e 5 N. Portanto, o número de trajetórias é:

$$P_{12}^{7,5} = \frac{12!}{7!\,5!} = 792$$

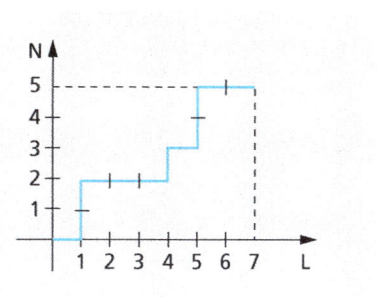

207. Uma cidade é formada por 16 quarteirões dispostos segundo a figura ao lado. Uma pessoa sai do ponto P e dirige-se para o ponto Q pelo caminho mais curto, isto é, movendo-se da esquerda para a direita, ou de baixo para cima. Nessas condições, quantos caminhos diferentes ela poderá fazer?

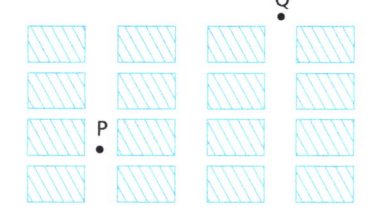

208. Um homem encontra-se na origem de um sistema cartesiano ortogonal. Ele só pode dar um passo de cada vez, para norte (N) ou para leste (L). Partindo da origem e passando pelo ponto A(3, 1), quantas trajetórias existem até o ponto B(5, 4)?

209. Com os dígitos 1, 2, 3, 4, 5, 6, 7, de quantas formas podemos permutá-los de modo que os números ímpares fiquem sempre em ordem crescente?

210. Uma classe tem *a* meninas e *b* meninos. De quantas formas eles podem ficar em fila, se as meninas devem ficar em ordem crescente de peso, e os meninos também? (Suponha que 2 pessoas quaisquer não tenham o mesmo peso.)

X. Complementos

Partições ordenadas

40. Consideremos um conjunto A e K subconjuntos de A não vazios $A_1, A_2, ..., A_k$, tais que:

   a) $A_i \cap A_j = \emptyset$ (para $i \neq j$)
   b) $A_1 \cup A_2 \cup ... \cup A_K = A$

ANÁLISE COMBINATÓRIA

Chamaremos de **partição ordenada do conjunto A** a sequência de conjuntos:

$(A_1, A_2, ..., A_K)$

41. Exemplos:

Seja A = {1, 2, 3, 4, 5, 6} e consideremos as sequências de conjuntos

1) ({1, 2}; {3, 4}; {5, 6})
2) ({1, 2, 3, 4}; {5}; {6})
3) (∅; {1, 2, 3, 4}; {5, 6})
4) ({1, 2, 3}; {3, 4, 5}; {6})
5) ({1, 2}; {3, 4, 5}).

Nos exemplos (1) e (2) temos partições ordenadas de A, ao passo que em (3) não temos, pois ∅ faz parte da sequência. Em (4) não temos uma partição ordenada, pois {1, 2, 3} ∩ {3, 4, 5} ≠ ∅ e finalmente, em (5), {1, 2} ∪ {3, 4, 5} ≠ A.

Observemos que a partição ordenada ({1, 2}; {3, 4}; {5, 6}) é diferente da partição ordenada ({5, 6}; {3, 4}; {1, 2}), pois cada partição, sendo uma sequência de conjuntos, **depende da ordem deles**.

42. Podemos resolver alguns problemas combinatórios com auxílio do conceito de partição ordenada.

Exemplo:
De quantas maneiras podemos colocar 10 pessoas em três salas, A, B e C, de modo que em A fiquem 4 pessoas, em B fiquem 3 pessoas e em C também 3 pessoas?

Notemos que cada modo de distribuir as 10 pessoas corresponde a uma partição ordenada do tipo:

$$(\{\_,\_,\_,\_\}; \{\_,\_,\_\}; \{\_,\_,\_\})$$

↑ pessoas na sala A   ↑ pessoas na sala B   ↑ pessoas na sala C

Para calcularmos o número de partições ordenadas, façamos o seguinte raciocínio:

Escolhemos 4 entre 10 pessoas para ficarem em A. Isto pode ser feito de $\binom{10}{4}$ maneiras.

Em seguida, entre as 6 pessoas restantes, escolhemos 3, para ficarem em B. Isto pode ser feito de $\binom{6}{3}$ maneiras.

As 3 pessoas restantes podem ser escolhidas de $\binom{3}{3} = 1$ maneira (isto é, as pessoas da sala C ficam determinadas).

Ora, cada combinação de pessoas em A gera $\binom{6}{3}$ maneiras de dispor 3 pessoas em B.

Logo, o número total de partições é:

$$\binom{10}{4} \cdot \binom{6}{3} = \frac{10!}{4!\ 6!} \cdot \frac{6!}{3!\ 3!} = \frac{10!}{4!\ 3!\ 3!} = 4\,200$$

Isto é, existem 4 200 modos de dispormos as 10 pessoas nas 3 salas.

Partições não ordenadas

43. Consideremos um conjunto A e K subconjuntos de A não vazios $A_1, A_2, ..., A_k$, tais que:

a) $A_i \cap A_j = \emptyset$ (para $i \neq j$)
b) $A_1 \cup A_2 \cup ... \cup A_k = A$

Chamaremos de **partição não ordenada de A** a família:

$\{A_1, A_2, ..., A_k\}$

44. Exemplo:

Seja o conjunto: $A = \{1, 2, 3, 4, 5, 6\}$ e consideremos as famílias:
1) $\{\{1, 2, 3\}, \{4, 5, 6\}\}$ é uma partição.
2) $\{\{1, 2\}; \{3, 4, 5, 6\}\}$ é uma partição.
3) $\{\{1, 2\}; \{3\}\}$ não é uma partição.
4) $\{\{1, 2, 3, 4\}; \{3, 4, 5, 6\}\}$ não é uma partição.

45. Alguns problemas combinatórios podem ser resolvidos com este conceito.

Exemplo:
De quantos modos 12 pessoas podem ser distribuídas em 3 grupos, tendo cada grupo 4 pessoas?

Consideremos, para fixar ideias, 3 grupos, A_1, A_2 e A_3.

ANÁLISE COMBINATÓRIA

Notemos que a ordem em que figuram pode ser qualquer uma que teremos **a mesma** distribuição em 3 grupos. Estamos então interessados no número de partições não ordenadas do tipo:

$$\{\{\_,\_,\_,\_\};\{\_,\_,\_,\_\};\{\_,\_,\_,\_\}\}$$

$\quad\quad\;\uparrow\quad\quad\quad\;\;\uparrow\quad\quad\quad\;\;\uparrow$
$\quad$ grupo $A_1\quad\;\;$ grupo $A_2\quad\;\;$ grupo A_3

Para calcularmos o número de partições não ordenadas, façamos o seguinte raciocínio:

1º) Calculemos o número de partições ordenadas

$$\{\{-,-,-,-\};\{-,-,-,-\};\{-,-,-,-\}\}$$

que, com o raciocínio do exemplo anterior, sabemos ser:

$$\binom{12}{4} \cdot \binom{8}{4} \cdot \binom{4}{4} = 34\,650$$

2º) Cada grupo de 3! = 6 partições ordenadas dá origem à mesma partição não ordenada.

3º) Logo, o número de partições não ordenadas será:

$$\frac{34\,650}{6} = 5\,775$$

Soluções inteiras não negativas de uma equação linear

46. Consideremos a equação linear $x + y = 7$ e encontremos seu número de soluções inteiras não negativas.

Por tentativas, encontramos:

(0, 7); (1, 6); (2, 5); (3, 4); (4, 3); (5, 2); (6, 1); (7, 0)

Ao todo temos 8 soluções inteiras não negativas.

47. Agora, se tivermos a equação $x + y + z = 7$, resolvendo por tentativas, o trabalho será muito grande, e corremos o risco de "esquecer" alguma solução.

Um raciocínio alternativo seria o seguinte:
Temos que dividir 7 unidades em 3 partes ordenadas, de modo que fique em cada parte um número maior ou igual a zero.

Indiquemos cada unidade por um ponto. Então, elas serão representadas por:

Como queremos dividir as 7 unidades em 3 partes, vamos usar duas barras para fazer a separação.

Cada modo de dispormos os pontos e as barras dará origem a uma solução. Por exemplo:

Ora, como temos 9 símbolos $\begin{cases} 7 \bullet \\ e \\ 2 \mid \end{cases}$

o número de permutações desses símbolos será:

$$P_9^{7,2} = \frac{9!}{7!\,2!} = 36$$

que é o número de soluções inteiras não negativas da equação $x + y + z = 7$.

Tal raciocínio pode ser generalizado pelo:

48. Teorema

O número de soluções inteiras não negativas da equação $x_1 + x_2 + ... + x_n = r$ é:

$$\frac{(n + r - 1)!}{r!\,(n - 1)!}$$

Demonstração:

De fato, cada solução da equação é uma permutação de r símbolos • e $(n-1)$ símbolos | (precisamos de $(n-1)$ barras para dividir r pontos em n partes).

O número de permutações (soluções da equação) será:

$$P_{n+r-1}^{(n-1),\,r} = \frac{(n+r-1)!}{r!\,(n-1)!}$$

49. Exemplo de aplicação:

Um bar vende 3 tipos de refrigerantes: guaraná, soda e tônica. De quantas formas uma pessoa pode comprar 5 garrafas de refrigerantes?

Seja:

x o número de garrafas de guaraná

y o número de garrafas de soda

z o número de garrafas de tônica

É claro que $x, y, z \in \mathbb{N}$ e $x + y + z = 5$.

Trata-se então de achar o número de soluções inteiras não negativas da equação

$$x + y + z = 5$$

que é, então: $\dfrac{(5+3-1)!}{5!\,(3-1)!} = \dfrac{7!}{5!\,2!} = 21$

EXERCÍCIOS

211. Um grupo de 10 viajantes para para dormir num hotel. Só havia 2 quartos com 5 lugares cada um. De quantas formas eles puderam se distribuir para dormir naquela noite?

212. De quantos modos 8 pessoas podem ocupar duas salas distintas, devendo cada sala conter pelo menos 3 pessoas?

213. Dez alunos devem ser distribuídos em 2 classes, de 7 e 3 lugares respectivamente. De quantas maneiras distintas pode ser feita essa distribuição?

214. Separam-se os números inteiros de 1 a 10 em dois conjuntos de 5 elementos, de modo que 1 e 8 não estejam no mesmo conjunto. Isso pode ser feito de n modos distintos. Qual é o valor de n?

215. Dentre 6 números positivos e 6 números negativos, de quantos modos podemos escolher quatro números cujo produto seja positivo?

216. De quantas formas 12 estudantes podem ser divididos e colocados em 3 salas, sendo 4 na primeira, 5 na segunda e 3 na terceira?

217. De quantas maneiras podemos atribuir os nomes de Paulo, Antônio e José a 11 meninos, com a condição de que 3 deles se chamem Paulo, 2 Antônio e 6 José?

218. Um baralho tem 52 cartas. De quantos modos podemos distribuí-las entre 4 jogadores, de modo que cada um receba 13 cartas?

219. De quantas formas 20 alunos podem ser colocados em 4 classes, A, B, C, D, ficando 5 alunos por classe?

220. De quantas formas podemos distribuir 10 bolinhas, numeradas de 1 a 10, em 2 urnas, A e B (podendo eventualmente uma ficar vazia)?

221. De quantas formas podemos repartir 9 pessoas em 3 grupos, ficando 3 pessoas em cada grupo?

222. Com 10 pessoas, de quantas maneiras podemos formar dois times de bola ao cesto?

223. De quantas formas 15 pessoas podem ser divididas em 3 times, com 5 pessoas por time?

224. Quantas soluções inteiras não negativas têm as equações:
a) $x + y + z = 6$
b) $x + y + z + t = 10$
c) $x + y + z + t + w = 10$

225. Quantas soluções inteiras tem a equação $x_1 + x_2 + x_3 + x_4 + x_5 = 20$, se cada x_i é tal que $x_i \geq 3 \; \forall i \in \{1, 2, 3, 4, 5\}$?

226. Uma pastelaria vende pastéis de carne, queijo e palmito. De quantas formas uma pessoa pode comer 5 pastéis?

ANÁLISE COMBINATÓRIA

227. Uma mercearia tem em seu estoque pacotes de café de 6 marcas diferentes. Uma pessoa deseja comprar 8 pacotes de café. De quantas formas pode fazê-lo?

228. Uma confeitaria vende 5 tipos de doces. Uma pessoa deseja comprar 3 doces. De quantas formas isso pode ser feito?

229. Temos duas urnas, A e B. De quantas formas podemos colocar 5 bolas indistinguíveis, podendo eventualmente uma das urnas ficar vazia?

LEITURA

Cardano: o intelectual jogador

Hygino H. Domingues

O perfil biográfico que dele traçaram vários historiadores o colocaria folgadamente na galeria dos célebres crápulas da história. Contudo, há uma tendência hoje a se considerar que tais historiadores foram demasiado severos para com ele ou pelo menos que não levaram na devida conta todo o conjunto de circunstâncias de sua época e infortúnios de sua vida. Mas num ponto há unanimidade: Girolamo Cardano (1501-1576) merece figurar, por vários motivos, na companhia dos grandes matemáticos do Renascimento.

O próprio ato de nascimento de Cardano, em Pávia (Itália), pode ter sido seu primeiro infortúnio. Segundo parece, seus pais, que não eram casados, fizeram de tudo para que ele não nascesse. Pelo menos para o bem da matemática, não foram felizes nesse intento.

O pai de Girolamo era um intelectual de certa projeção que se dedicava à medicina, à advocacia, à matemática e... às ciências ocultas. O filho também enveredou pela medicina (depois de Versalius, foi o médico mais renomado da Europa em seu tempo) e pela matemática. Mas não ficou só nisso...

Girolamo Cardano (1501-1576).

Um dos "pecados" atribuídos a Cardano foi o vício do jogo. De fato, em sua autobiografia, *De propria vita*, ele confessa ter jogado diariamente: xadrez por mais de quarenta anos e dados por mais de vinte e cinco. Deve-se levar em conta, porém, que no século XVI o jogo era o passatempo dominante. E, como se jogava a dinheiro, iniciou-se nessa atividade ainda estudante universitário para prover sua manutenção.

Outro "estigma" de Cardano foi sua condição de astrólogo. Ocorre porém que naquele tempo a astrologia ocupava uma posição muito diferente no panorama cultural. Haja vista que muitos governantes mantinham astrólogos em suas cortes e que muitos professores universitários faziam predições baseadas na astrologia. Mais ainda, era considerado normal que matemáticos e astrônomos se dedicassem a essa pseudociência. O próprio Johann Kepler (1571-1630) às vezes recorria a ela para complementar seus ganhos.

A obra matemática mais conhecida de Cardano é a *Ars magna* (*A arte maior*), onde aparecem impressas pela primeira vez as soluções gerais das equações de grau 3 e de grau 4, dadas mediante procedimentos verbais – nenhum dos quais, porém, descoberto por ele. Diga-se de passagem que a simbologia algébrica modernamente usada só se firmou no fim do século XVII.

Mas, apesar do sucesso de *Ars Magna*, um pequeno manual, intitulado *Liber de ludo aleae* ("O livro dos jogos de azar"), escrito por volta de 1550, descoberto entre seus escritos em 1576, mas só publicado em 1663, pode ter sido a contribuição mais inovadora de Cardano à Matemática. Nessa obra, pela primeira vez na história da matemática, foi introduzida a noção de probabilidade (em jogos de azar) com aceitável objetividade. E, com o mesmo grau de objetividade, Cardano estabeleceu também resultados como o que segue: "A probabilidade de que um evento cuja probabilidade é p ocorra independentemente n vezes é p^n". Por exemplo, como no lançamento de uma moeda a probabilidade de dar coroa é $\frac{1}{2}$, em n lançamentos consecutivos da mesma moeda é $\left(\frac{1}{2}\right)^n = \frac{1}{2^n}$.

Na parte técnica do livro, Cardano discutiu equiprobabilidade, esperança (o montante correto da aposta a ser feita por um jogador que tem probabilidade p de ganhar a importância s), estabeleceu a lei $p_n = p^n$, que dá probabilidade de que um evento de probabilidade p ocorra independentemente n sucessivas vezes, achou tábuas de probabilidades para dados e usou a chamada lei dos grandes números (de modo rudimentar) – questões em que foi o pioneiro.

É verdade também que Cardano ensinava no livro a trapacear no jogo. Mas o que importa isso em face do pioneirismo de sua obra?

CAPÍTULO II
Binômio de Newton

I. Introdução

50. Vamos usar as técnicas que estudamos em Análise Combinatória para ter um resultado importante em Álgebra, que consiste em obter o desenvolvimento do binômio $(x + a)^n$ para $n \in \mathbb{N}$ e $x, a \in \mathbb{R}$.

Já nos são familiares os casos particulares:
$(x + a)^0 = 1$
$(x + a)^1 = x + a$
$(x + a)^2 = x^2 + 2xa + a^2$
$(x + a)^3 = x^3 + 3x^2a + 3xa^2 + a^3$

Para todo n inteiro, positivo, podemos calcular:

$(x + a)^n = \underbrace{(x + a) \cdot (x + a) \cdot ... \cdot (x + a)}_{n \text{ fatores}}$

usando a propriedade distributiva da multiplicação.

51. O procedimento é o seguinte:

1º) De cada fator $(x + a)$ escolhemos exatamente um termo, que poderá ser x ou a. Esse termo deve ser multiplicado pelos termos do(s) outro(s) fator(es).

2º) Em seguida, repete-se o processo escolhendo o outro termo.

3º) Tomamos todos os produtos obtidos e calculamos sua soma (que consiste em reduzir os termos semelhantes).

4º) Essa soma é o resultado do desenvolvimento de $(x + a)^n$.

52. Exemplo 1:

$(x + a)^2 = (x + a) \cdot (x + a)$

Usamos o diagrama de árvore para as seleções dos termos.

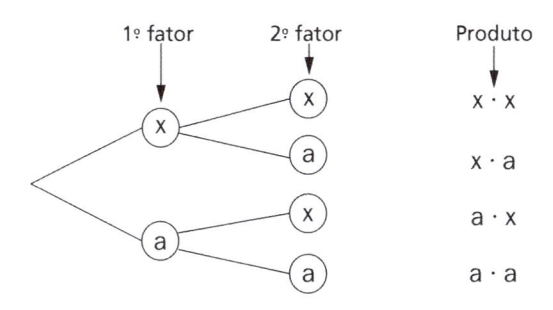

Soma: $x \cdot x + x \cdot a + a \cdot x + a \cdot a = x^2 + 2ax + a^2$

Portanto, $(x + a)^2 = x^2 + 2ax + a^2$.

53. Exemplo 2:

$(x + a)^3 = (x + a) \cdot (x + a) \cdot (x + a)$

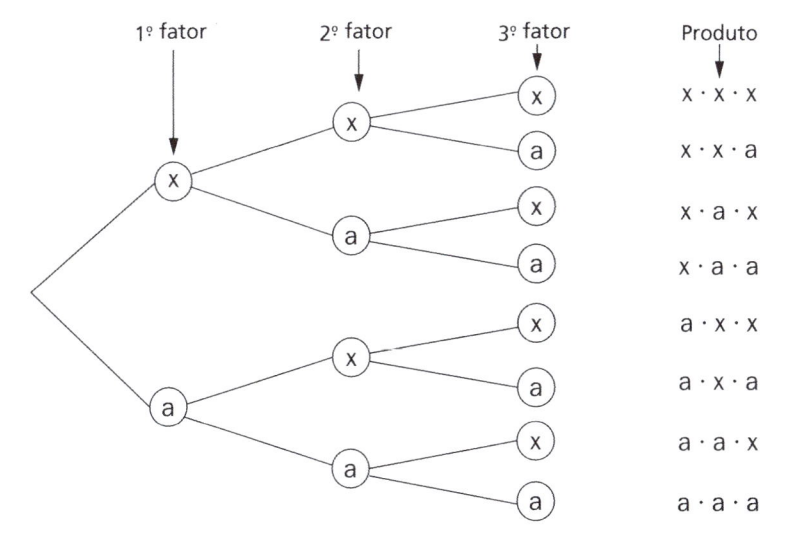

Soma: $x \cdot x \cdot x + x \cdot x \cdot a + x \cdot a \cdot x + x \cdot a \cdot a + a \cdot x \cdot x + a \cdot x \cdot a + a \cdot a \cdot x + a \cdot a \cdot a =$
$= x^3 + 3x^2a + 3xa^2 + a^3$

Portanto, $(x + a)^3 = x^3 + 3x^2a + 3ax^2 + a^3$.

BINÔMIO DE NEWTON

54. O problema que surge é o seguinte. Será que podemos obter os termos do desenvolvimento de $(x + a)^n$ sem recorrer ao diagrama de árvore?

A resposta é positiva. Vamos mostrar como isso é possível por meio de um exemplo particular e, em seguida, vamos generalizar o resultado obtido.

Exemplo:
$(x + a)^3 = (x + a) \cdot (x + a) \cdot (x + a)$
Se escolhermos um termo de cada fator, obteremos três termos, que devem ser multiplicados entre si.
Os tipos de produtos que podemos obter são: x^3; $x^2 \cdot a$; $x \cdot a^2$; a^3
Agora vejamos quantos aparecem de cada tipo.

1º) x^3

Só existe uma maneira de obter o produto $x^3 = x \cdot x \cdot x$, que é escolhendo somente o termo "x" de cada fator. Logo, o coeficiente de x^3 no desenvolvimento do binômio é 1 ou $\binom{3}{0}$.

2º) $x^2 \cdot a$

A quantidade de produtos do tipo $x^2 \cdot a$ é igual ao número de sequências de três letras em que duas são iguais a "x" e uma é igual a "a". Isto é:

$$P_3^{2,1} = \frac{3!}{2!\,1!} = \binom{3}{1}$$

Logo, o coeficiente de $x^2 \cdot a$ é $\binom{3}{1}$.

3º) $x \cdot a^2$

A quantidade de produtos do tipo $x \cdot a^2$ é igual ao número de sequências de três letras em que uma é igual a "x" e duas são iguais a "a". Isto é:

$$P_3^{1,2} = \frac{3!}{1!\,2!} = \binom{3}{2}$$

Logo, o coeficiente de $x \cdot a^2$ é $\binom{3}{2}$.

4º) a^3

Só existe uma maneira de obter o produto $a^3 = a \cdot a \cdot a$, que é escolhendo somente o termo "a" de cada fator. Logo, o coeficiente de a^3 no desenvolvimento do binômio é:

1 ou $\binom{3}{3}$

Em resumo:

$$(x + a)^3 = \binom{3}{0}x^3 + \binom{3}{1} \cdot x^2 \cdot a + \binom{3}{2} \cdot x \cdot a^2 + \binom{3}{3} \cdot a^3$$

II. Teorema binomial

O desenvolvimento de $(x + a)^n$ para $n \in \mathbb{N}$ e $x, a \in \mathbb{R}$ é dado por:

$$(x + a)^n = \binom{n}{0} \cdot x^n + \binom{n}{1} x^{n-1} \cdot a^1 + \binom{n}{2} \cdot x^{n-2} \cdot a^2 + \ldots + \ldots +$$

$$+ \binom{n}{p} \cdot x^{n-p} \cdot a^p + \ldots + \binom{n}{n} \cdot a^n$$

Demonstração:

$$(x + a)^n = \underbrace{(x + a) \cdot (x + a) \cdot \ldots \cdot (x + a)}_{n \text{ fatores}}$$

Pela propriedade distributiva da multiplicação e tendo em vista os exemplos precedentes, concluímos que os diferentes tipos de termos que podem ser obtidos na multiplicação são:

$$x^n;\ x^{n-1} \cdot a;\ x^{n-2} \cdot a^2;\ \ldots;\ x^{n-p} \cdot a^p;\ \ldots;\ a^n$$

Vejamos agora a quantidade de cada um desses diferentes tipos de termos.

1º) x^n

O produto x^n só pode ocorrer de uma forma: $\underbrace{x \cdot x \cdot x \cdot \ldots \cdot x}_{n \text{ fatores}}$ e, portanto, o coeficiente de x^n é 1 ou $\binom{n}{0}$.

2º) $x^{n-1} \cdot a$

O produto $x^{n-1} \cdot a$ pode ocorrer de tantas formas quantas pudermos permutar $(n - 1)$ letras "x" e uma letra "a". Isto é:

$$P_n^{n-1,\,1} = \frac{n!}{(n-1)!\ 1!} = \binom{n}{1}$$

Portanto, o coeficiente de $x^{n-1} \cdot a$ é $\binom{n}{1}$.

BINÔMIO DE NEWTON

3º) $x^{n-2} \cdot a^2$

O produto $x^{n-2} \cdot a^2$ pode ocorrer de tantas formas quantas pudermos permutar $(n-2)$ letras "x" e duas letras "a". Isto é:

$$P_n^{n-2,2} = \frac{n!}{(n-2)!\,2!} = \binom{n}{2}$$

Portanto, o coeficiente de $x^{n-2} \cdot a^2$ é $\binom{n}{2}$.

4º) $x^{n-p} \cdot a^p$

Genericamente, o produto $x^{n-p} \cdot a^p$ pode ocorrer de tantas formas quantas pudermos permutar $(n-p)$ letras "x" e p letras "a". Isto é:

$$P_n^{n-p,p} = \frac{n!}{(n-p)!\,p!} = \binom{n}{p}.$$

Portanto, o coeficiente de $x^{n-p} \cdot a^p$ é $\binom{n}{p}$.

5º) a^n

Finalmente, o produto a^n só pode ocorrer de uma forma, que é:

$$a^n = \underbrace{a \cdot a \cdot a \cdot \ldots \cdot a}_{n \text{ fatores}}$$

Portanto, o coeficiente de a^n e 1 ou $\binom{n}{n}$.

Das considerações feitas acima, concluímos que:

$$(x+a)^n = \binom{n}{0} \cdot x^n + \binom{n}{1} x^{n-1} \cdot a^1 + \ldots + \binom{n}{p} \cdot x^{n-p} \cdot a^p + \ldots + \binom{n}{n} \cdot a^n,$$

que é o que queríamos demonstrar.

55. Exemplo:

Desenvolver $(3x^2 + a)^4$.
Temos:

$$(3x^2 + a)^4 = \binom{4}{0} \cdot (3x^2)^4 + \binom{4}{1} \cdot (3x^2)^3 \cdot a^1 + \binom{4}{2} \cdot (3x^2)^2 \cdot a^2 + \binom{4}{3} \cdot (3x^2) \cdot a^3 +$$

$$+ \binom{4}{4} \cdot a^4$$

$$(3x^2 + a)^4 = 81x^8 + 108x^6 a + 54x^4 a^2 + 12x^2 a^3 + a^4$$

EXERCÍCIOS

230. Desenvolva, usando o teorema binomial:
   a) $(x + 3b)^3$
   b) $(1 - x^2)^5$
   c) $(\sqrt{x} - \sqrt{y})^4$
   d) $(\text{sen } \theta + \cos \theta)^4$
   e) $(3 - y)^5$

231. Desenvolva, usando o teorema binomial
$$\left(m + \frac{1}{m}\right)^5 - \left(m - \frac{1}{m}\right)^5.$$

232. Desenvolva $(x + a)^7$.

233. Calcule a e b, sabendo que $(a + b)^3 = 64$ e que
$$a^5 - \binom{5}{1}a^4 \cdot b + \binom{5}{2} \cdot a^3 \cdot b^2 - \binom{5}{3} \cdot a^2 \cdot b^3 + \binom{5}{4}ab^4 - b^5 = -32.$$

234. Quantos termos tem o desenvolvimento de:
   a) $(x + y)^7$?
   b) $(x + y)^{10}$?
   c) $(x + y)^n$?

235. a) Quantos termos tem o desenvolvimento de $(x + a)^{50}$?
   b) Escreva os 4 primeiros termos, sem os coeficientes, em potências de expoentes decrescentes de x.

236. No desenvolvimento de $(x + y)^{1000}$, qual o centésimo termo, se o desenvolvimento for feito em potências de expoentes decrescentes de x?

237. Quais os 3 primeiros termos do desenvolvimento de $(x + y)^{100}$ segundo as potências de expoentes decrescentes de x?

III. Observações

56. Os números:
$$\binom{n}{0}; \binom{n}{1}; \binom{n}{2}; \ldots; \binom{n}{p}; \ldots; \binom{n}{n}$$

são chamados **coeficientes binomiais**. No coeficiente binomial $\binom{n}{p}$, n é chamado **numerador** e p, **denominador**.

BINÔMIO DE NEWTON

57. O teorema binomial é válido para $(x - a)^n$, pois basta escrevermos $(x - a)^n$ como $[x + (-a)]^n$ e aplicarmos o teorema.

Exemplo:
$(x - 2y)^4 = [x + (-2y)]^4 =$
$= \binom{4}{0}x^4 + \binom{4}{1}x^3(-2y)^1 + \binom{4}{2}x^2(-2y)^2 + \binom{4}{3}x^1 \cdot (-2y)^3 + \binom{4}{4}(-2y)^4 =$
$= x^4 - 8x^3y + 24x^2y^2 - 32xy^3 + 16y^4$

EXERCÍCIOS

238. Sabendo que:
$$a^5 + \binom{5}{1}a^4b + \binom{5}{2}a^3b^2 + \binom{5}{3}a^2b^3 + \binom{5}{4}ab^4 + b^5 = 1024$$
Calcule o valor de $(a + b)^2$.

239. Determine o valor da expressão:
$99^5 + 5(99)^4 + 10(99)^3 + 10(99)^2 + 5(99) + 1$

240. Calcule o valor numérico do polinômio:
$x^4 - 4x^3y + 6x^2y^2 - 4xy^3 + y^4$ para $x = \dfrac{1 + \sqrt{6}}{\sqrt[4]{5}}$ e $y = \dfrac{\sqrt{6} - 1}{\sqrt[4]{5}}$

241. Calcule o valor de $S = \binom{20}{0} + \binom{20}{1}2 + \binom{20}{2}2^2 + \ldots + \binom{20}{19}2^{19} + \binom{20}{20}2^{20}$.

242. Calcule o valor da expressão $\left(1 - \sqrt{5}\right)^5 - \left(1 + \sqrt{5}\right)^5$.

243. Calcule o valor numérico da expressão:
$x^n + \binom{n}{1}x^{n-1}y + \binom{n}{2}x^{n-2}y^2 + \ldots + y^n$, para $x = y = 1$

244. Calcule o valor de S, sabendo que:
$S = (x^3 - 1)^4 + 4(x^3 - 1)^3 + 6(x^3 - 1)^2 + 4(x^3 - 1) + 1$

245. Qual é o valor de $\displaystyle\sum_{x=0}^{n} \binom{n}{x}(2)^x (3)^{n-x}$?

58. Termo geral

Já vimos que:

$$(x + a)^n = \binom{n}{0}x^n + \binom{n}{1}x^{n-1} \cdot a + \ldots + \binom{n}{p}x^{n-p} \cdot a^p + \ldots + \binom{n}{n}a^n$$

O termo:

$$\binom{n}{p}x^{n-p} a^p$$

é chamado geral, pois fazendo $p = 0, 1, 2, \ldots, n$ obtemos todos os termos do desenvolvimento.

Notemos ainda que, $\forall p$, a soma dos expoentes de x e a é sempre n. Além disso, o expoente de x é igual à diferença entre o numerador e o denominador do coeficiente binomial correspondente.

Exemplos:

1º) No desenvolvimento de $(x^2 + 1)^6$, qual o coeficiente de x^8?

Temos:

O termo geral do desenvolvimento é: $\binom{6}{p}(x^2)^{6-p} \cdot 1^p = \binom{6}{p}x^{12-2p}$

Como queremos o termo que possua x^8, devemos impor que $12 - 2p = 8$, isto é, $p = 2$.

Logo, o termo que possui x^8 é:

$$\binom{6}{2} \cdot (x^2)^4 = \binom{6}{2} \cdot x^8$$

Seu coeficiente é: $\binom{6}{2} = 15$

2º) Qual o termo independente de x no desenvolvimento de $\left(x - \dfrac{1}{x}\right)^8$?

O termo geral é: $\binom{6}{2}x^{8-p}\left(\dfrac{-1}{x}\right)^p = \binom{8}{p}x^{8-p} \cdot (-1)^p \cdot x^{-p} = \binom{8}{p}(-1)^p x^{8-2p}$

Para que ele independa de x, devemos ter $8 - 2p = 0$, isto é, $p = 4$.

Logo, o termo procurado é:

$$\binom{8}{4}(-1)^4 \cdot x^{8-2 \cdot 4} = \binom{8}{4} = 70$$

BINÔMIO DE NEWTON

3º) Desenvolvendo $(x + y)^{10}$ em potências de expoentes decrescentes de x, qual é o 6º termo?

Notemos que:

o 1º termo conterá x^{10}

o 2º termo conterá x^9

⋮   ⋮

o 6º termo conterá x^5

Portanto, o termo procurado é:

$$\binom{10}{5} x^5 \cdot y^5 = 252\, x^5 y^5$$

Um outro modo de encontrarmos o termo desejado seria notar que, desenvolvendo o binômio em potências de expoentes decrescentes de x, os coeficientes seriam:

$$\binom{n}{0} \quad \binom{n}{1} \quad \binom{n}{2} \quad \cdots \quad \binom{n}{p}$$

↑ 1º termo   ↑ 2º termo   ↑ 3º termo   ↑ (p + 1) termo

E, como queremos o 6º termo, devemos tomar o coeficiente binomial $\binom{n}{5}$, que no nosso caso é $\binom{10}{5}$. Portanto, o termo desejado é $\binom{10}{5} x^5 y^5 = 252\, x^5 y^5$.

EXERCÍCIOS

246. Qual o coeficiente de x^2 no desenvolvimento de $(1 - 2x)^6$?

247. Desenvolvendo $(x + 3y)^9$, qual o termo que contem x^4?

248. No desenvolvimento de $(1 - 2x^2)^5$, qual o coeficiente de x^8?

249. Qual o coeficiente de x^6 no desenvolvimento de $(x^2 + x^{-3})^8$?

250. Qual o termo em x^3 no desenvolvimento de $\left(x - \dfrac{a^2}{x}\right)^{15}$?

251. Qual o termo em x^3 no desenvolvimento de $\left(\sqrt{x} - \dfrac{a^2}{x}\right)^{15}$?

252. Determine o coeficiente numérico do termo de 4º grau do desenvolvimento do binômio de Newton $(x - 2)^7$.

BINÔMIO DE NEWTON

253. Qual é o coeficiente do termo que contém o fator y^4 no desenvolvimento binomial de $\left(\dfrac{1}{2}x^2 - y\right)^{10}$?

254. Qual é o coeficiente numérico do termo de grau 1 em x, no desenvolvimento de $\left(x + \dfrac{2}{x}\right)^6$?

255. Determine o coeficiente de x^5 no desenvolvimento binomial de $\left(1 - \dfrac{2}{3}x\right)^6$.

256. Obtenha o coeficiente do termo em x^{-3} no desenvolvimento de $\left[\sqrt{x} + \dfrac{1}{x}\right]^6$.

257. Qual é o coeficiente do termo em x^2 de $\left(\dfrac{2x}{3} - \dfrac{3}{2x}\right)^{12}$?

258. No desenvolvimento de $(x + a)^{100}$, qual o coeficiente do termo que contém x^{60}?

259. Qual é o coeficiente do termo médio de $(x^3 + y^2)^{10}$?

260. Qual o termo independente de y no desenvolvimento de $\left(y + \dfrac{1}{y}\right)^4$?

261. Qual o termo independente de x no desenvolvimento de $\left(x + \dfrac{1}{x}\right)^{2n}$?

262. Qual o termo independente de x no desenvolvimento de $\left(-x + \dfrac{\sqrt{2}}{x}\right)^8$?

263. Calcule o termo independente de x no desenvolvimento de $\left(\dfrac{1}{x^2} - \sqrt[4]{x}\right)^{18}$.

264. Obtenha o termo independente de x no desenvolvimento do binômio $\left(x + \dfrac{2}{5x}\right)^8$.

265. Um dos termos no desenvolvimento de $(x + 3a)^5$ e $360x^3$. Sabendo que a não depende de x, determine o valor de a.

266. Determine o valor de a, de modo que um dos termos do desenvolvimento de $(x + a)^5$ seja $270x^2$.

267. Qual é o termo independente de x no desenvolvimento de $\left(x - \dfrac{1}{x}\right)^{517}$?

268. Que posição ocupa o termo independente de x no desenvolvimento de $(3 + 6x^2)^{11}$, se o desenvolvimento for em potências de expoentes decrescentes de x?

269. Qual é a condição que n deve satisfazer para que o desenvolvimento de $\left(x + \dfrac{1}{x^2}\right)^n$ tenha um termo independente de x?

270. No desenvolvimento de $\left(x + \dfrac{1}{x}\right)^{2n+1}$, $n \in \mathbb{N}^*$, pela formula do binômio de Newton, existe um termo que não depende de x?

BINÔMIO DE NEWTON

271. Sabendo que o quarto termo do desenvolvimento de $(2x - 3y)^n$ é $-1080x^2y^3$, calcule o terceiro termo desse desenvolvimento.

272. Os três primeiros coeficientes do desenvolvimento de $\left(x^2 + \dfrac{1}{2x}\right)^n$ estão em progressão aritmética. Determine o valor de n.

273. Os coeficientes do quinto, sexto e sétimo termos do desenvolvimento de $(1 + x)^n$ estão em progressão aritmética. Se $n \leqslant 10$, calcule o valor de $(2n - 1)$.

274. No desenvolvimento do binômio $(a + b)^{n+5}$, ordenado segundo as potências decrescentes de a, o quociente entre o termo que ocupa a $(n + 3)$-ésima posição por aquele que ocupa a $(n + 1)$-ésima é $\dfrac{2b^2}{3a^2}$, isto é: $\dfrac{T_{n+3}}{T_{n+1}} = \dfrac{2b^2}{3a^2}$. Determine o valor de n.

275. Qual é o produto do terceiro pelo antepenúltimo termo do desenvolvimento de $\left(x + \dfrac{1}{x}\right)^n$?

276. Qual o coeficiente de x^{n+1} no desenvolvimento de $(x + 2)^n \cdot x^3$?

277. Determine o coeficiente de $a^{n+1-p} b^p$ no produto de

$$a^k + \binom{k}{1}a^{k-1}b + \ldots + \binom{k}{p}a^{k-p}b^p + \ldots + b^k \text{ por } (a + b), \text{ para } k = n.$$

278. Qual o valor do termo independente de x no desenvolvimento de $\left(x + \dfrac{1}{x}\right)^6 \cdot \left(x - \dfrac{1}{x}\right)^6$?

279. Quantos termos racionais tem o desenvolvimento de $\left(\sqrt{2} + \sqrt[3]{3}\right)^{100}$?

280. Qual é o número de termos racionais no desenvolvimento de $\left(2\sqrt{3} + \sqrt{5}\right)^{10}$?

281. Calcule aproximadamente $(1{,}002)^{20}$, usando o teorema binomial.

Solução

Vamos mostrar que $(1 + x)^n \cong 1 + nx$ para nx pequeno.

De fato, pelo teorema binomial:

$$(1 + x)^n = 1 + \binom{n}{1}x + \binom{n}{2}x^2 + \ldots + \binom{n}{n} \cdot x^n$$

$$(1 + x)^n = 1 + nx + \frac{n(n-1)}{2}x^2 + \frac{n(n-1)(n-2)}{3!}x^3 + \ldots x^n$$

porém

$$\left|\frac{n(n-1)x^2}{2}\right| < \left|\frac{n^2x^2}{2}\right|$$

$$\left|\frac{n(n-1)(n-2)x^3}{3!}\right| < \left|\frac{n^3x^3}{3!}\right|$$

etc.

Se nx é pequeno (próximo de zero), então n^2x^2, n^3x^3, etc. são muito pequenos, comparados com nx. Desprezando os termos do desenvolvimento a partir do 3º termo, teremos:

$(1 + x)^n \cong 1 + n \cdot x$.

No nosso exemplo: $(1,002)^{20} = (1 + 0,002)^{20} \cong 1 + 20 \cdot 0,002 = 1,04$.

Se calcularmos $(1,002)^{20}$ sem a aproximação, obteremos 1,0408.

282. Calcule aproximadamente:
   a) $(1,002)^{10}$
   b) $(0,997)^{20}$

283. Usando o binômio de Newton, determine a aproximação, a menos de um centésimo, de $(1,003)^{20}$.

284. Qual a soma dos coeficientes dos termos do desenvolvimento de $(2x + 3y)^4$?

   Solução

   $(2x + 3y)^4 = (2x)^4 + 4 \cdot (2x)^3 \cdot (3y) + 6 \cdot (2x)^2 \cdot (3y)^2 + 4 \cdot (2x) \cdot (3y)^3 + (3y)^4$

   Essa igualdade vale $\forall x, y$ reais; se fizermos $x = 1$ e $y = 1$, teremos:

   1º membro: $(2 \cdot 1 + 3 \cdot 1)^4 = 5^4 = 625$

   2º membro: $2^4 + 4 \cdot 2^3 \cdot 3 + 6 \cdot 2^2 \cdot 3^2 + 4 \cdot 2 \cdot 3^3 + 3^4$

   que é exatamente a soma dos coeficientes. Logo, a soma dos coeficientes é 625.

285. Qual a soma dos coeficientes dos termos do desenvolvimento de:
   a) $(3x + 2y)^{10}$?
   b) $(5x + y)^8$?

286. Indique a soma dos coeficientes de $(4x + 3y)^4$ sem efetuar o desenvolvimento.

287. Qual a soma dos coeficientes dos termos do desenvolvimento de:
   a) $(x - y)^5$?
   b) $(3x - y)^4$?

BINÔMIO DE NEWTON

288. Quando você desenvolve $(5x + 2y)^5$ pelo binômio de Newton, aparecem coeficientes numéricos e potências de x e y. Determine a soma dos coeficientes numéricos.

289. Determine p, sabendo que a soma dos coeficientes numéricos do desenvolvimento de $(x + a)^p$ é igual a 512.

290. $(2x - y)^4 = a_1x^4 + a_2x^3y + a_3x^2y^2 + a_4xy^3 + a_5y^4$. Calcule o valor de $\sum_{i=1}^{5} a_i$.

291. A soma dos coeficientes dos termos de ordem ímpar de $(x - y)^n$ é 256. Determine n.

292. Sendo 1024 a soma dos coeficientes do desenvolvimento de $(3x + 1)^m$, calcule m.

293. Sabendo que a soma dos coeficientes de $(a + b)^m$ é 256, calcule o número de permutações de $\frac{m}{2}$ elementos.

IV. Triângulo aritmético de Pascal (ou de Tartaglia)

59. É uma tabela onde podemos dispor ordenadamente os coeficientes binomiais: $\binom{n}{p}$.

$$\binom{0}{0}$$
$$\binom{1}{0} \quad \binom{1}{1}$$
$$\binom{2}{0} \quad \binom{2}{1} \quad \binom{2}{2}$$
$$\binom{3}{0} \quad \binom{3}{1} \quad \binom{3}{2} \quad \binom{3}{3}$$
$$\cdots\cdots\cdots\cdots\cdots\cdots\cdots\cdots\cdots$$
$$\binom{k}{0} \quad \binom{k}{1} \quad \cdots \quad \binom{k}{k}$$

Isto é:

A 1ª linha contém o coeficiente binomial com n = 0.

A 2ª linha contém os coeficientes binomiais com n = 1.

A 3ª linha contém os coeficientes binomiais com n = 2.

....

A kª linha contém os coeficientes binomiais com n = k.

etc.

60. Podemos também escrever o triângulo de Pascal substituindo cada coeficiente binomial pelo seu valor, isto é:

$$
\begin{array}{ccccccccccc}
 & & & & & 1 & & & & & \\
 & & & & 1 & & 1 & & & & \\
 & & & 1 & & 2 & & 1 & & & \\
 & & 1 & & 3 & & 3 & & 1 & & \\
 & 1 & & 4 & & 6 & & 4 & & 1 & \\
1 & & 5 & & 10 & & 10 & & 5 & & 1
\end{array}
$$

61. Notemos que:

A 1ª linha do triângulo contém os coeficientes do desenvolvimento de $(x + a)^0$.

A 2ª linha do triângulo contém os coeficientes do desenvolvimento de $(x + a)^1$.

A 3ª linha do triângulo contém os coeficientes do desenvolvimento de $(x + a)^2$.

E assim por diante.

$$
\begin{array}{cccc}
\binom{0}{0} & & & \longrightarrow (x+a)^0 \\
\binom{1}{0} \quad \binom{1}{1} & & & \longrightarrow (x+a)^1 \\
\binom{2}{0} \quad \binom{2}{1} \quad \binom{2}{2} & & & \longrightarrow (x+a)^2 \\
\binom{3}{0} \quad \binom{3}{1} \quad \binom{3}{2} \quad \binom{3}{3} & & & \longrightarrow (x+a)^3
\end{array}
$$

BINÔMIO DE NEWTON

62. Observação

Na construção do triângulo de Pascal, não e necessária calcular os coeficientes binomiais um a um. Basta usarmos algumas de suas propriedades.

63. Propriedades do triângulo de Pascal

1º) Em cada linha do triângulo, a primeiro elemento vale 1, pois, qualquer que seja a linha, o primeiro elemento é $\binom{n}{0} = 1$, $\forall n \in \mathbb{N}$.

$$\begin{array}{ccccc}
& & \boxed{1} & & \\
& \boxed{1} & & 1 & \\
\boxed{1} & & 2 & & 1 \\
\end{array}$$

$$\begin{array}{ccccccc}
& & & \boxed{1} & & & \\
& & \boxed{1} & & 1 & & \\
& \boxed{1} & & 2 & & 1 & \\
\boxed{1} & & 3 & & 3 & & 1 \\
\boxed{1} & 4 & & 6 & & 4 & 1 \\
\end{array}$$

....

2º) Em cada linha do triângulo, o último elemento vale 1, pois, qualquer que seja a linha, o último elemento é $\binom{n}{n} = 1$, $\forall n \in \mathbb{N}$.

$$\begin{array}{ccccccc}
& & & \boxed{1} & & & \\
& & 1 & & \boxed{1} & & \\
& 1 & & 2 & & \boxed{1} & \\
& 1 & 3 & & 3 & & \boxed{1} \\
1 & 4 & & 6 & & 4 & \boxed{1} \\
\end{array}$$

....

3º) A partir da 3ª linha, cada elemento (com exceção do primeira e do último) é a soma dos dois elementos da linha anterior, imediatamente acima dele.

Esta propriedade é conhecida como relação de Stifel e afirma que:

$$\binom{n}{p} = \binom{n-1}{p-1} + \binom{n-1}{p} \quad n \geq 2$$

```
                    1
                 1     1
              1     2     1
           1     3     3     1
        1     4     6     4     1
     1     5    10    10     5     1
  1     6    15    20    15     6     1
```

A demonstração desta propriedade está na parte de exercícios resolvidos.

4º) Numa linha, dois coeficientes binomiais equidistantes dos extremos são iguais. Isto equivale a demonstrar que:

$$\binom{n}{p} = \binom{n}{n-p}$$

O que é imediato, pois:

$$\left.\begin{array}{l}\binom{n}{p} = \dfrac{n!}{p!\,(n-p)!} \\[6pt] \binom{n}{n-p} = \dfrac{n!}{(n-p)!\,p!}\end{array}\right\} \;(=)$$

64. Exemplos:

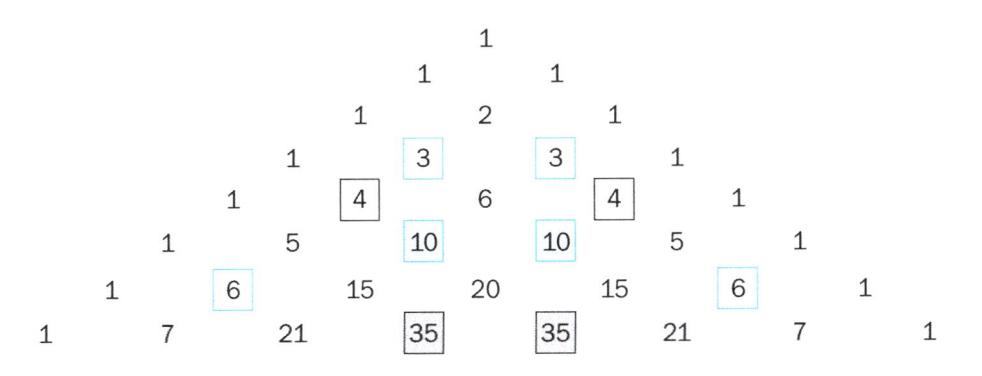

```
                         1
                      1     1
                   1     2     1
                1     3     3     1
             1     4     6     4     1
          1     5    10    10     5     1
       1     6    15    20    15     6     1
    1     7    21    35    35    21     7     1
```

BINÔMIO DE NEWTON

EXERCÍCIOS

294. Assinale com V as sentenças verdadeiras e com F as falsas.

a) $\binom{0}{0} = 0$ c) $\binom{4}{0} = \binom{4}{4}$ e) $\binom{7}{4} = \binom{7}{3}$

b) $\binom{8}{8} = 1$ d) $\binom{8}{5} + \binom{8}{4} = \binom{9}{5}$ f) $\binom{8}{0} = \binom{15}{0}$

295. Demonstre que:

$$\binom{n}{0} + \binom{n}{1} + \ldots + \binom{n}{i} + \ldots + \binom{n}{n} = 2^n, \forall n \in \mathbb{N}.$$

Solução

Vamos desenvolver $(1 + 1)^n$ pelo teorema binomial.

Temos:

$$2^n = (1 + 1)^n = \binom{n}{0} \cdot 1^n + \binom{n}{1} 1^{n-1} \cdot 1^1 + \ldots + \binom{n}{i} 1^{n-i} \cdot 1^i + \ldots + \binom{n}{n} \cdot 1^0$$

Logo, $2^n = \binom{n}{0} + \binom{n}{1} + \ldots + \binom{n}{i} + \ldots + \binom{n}{n}$.

296. Calcule:

$$\binom{4}{0} + \binom{4}{1} + \binom{4}{2} + \binom{4}{3} + \binom{4}{4}.$$

297. Calcule o determinante: $\begin{vmatrix} 1 & \binom{n}{1} & \binom{n+1}{1} \\ 1 & \binom{n+1}{1} & \binom{n+2}{1} \\ 1 & \binom{n+2}{1} & \binom{n+3}{1} \end{vmatrix}$

298. Calcule:

a) $\sum_{i=0}^{10} \binom{10}{i}$ b) $\sum_{i=1}^{10} \binom{10}{i}$ c) $\sum_{i=2}^{10} \binom{10}{i}$

299. Calcule m, sabendo que: $\sum_{i=1}^{m} \binom{m}{i} = 1023$.

BINÔMIO DE NEWTON

300. Calcule $\sum_{p=1}^{n} \binom{n}{p}$.

301. Calcule $\sum_{k=0}^{10} \binom{11}{k}$.

302. Sejam $n \in \mathbb{N}^*$, $p \in \mathbb{N}$, onde $\mathbb{N} = \{0, 1, 2, ...\}$ e $\mathbb{N}^* = \{1, 2, 3, ...\}$. Calcule o valor de
$$\sum_{p=0}^{n} (-1)^{p-n} (-1)^p (-1)^{n-p} \binom{n}{p}.$$

303. Determine o valor de $A_n = \sum_{p=0}^{n} \binom{n}{p}(2^p 3^{n-p} - 4^p)$, para todo $n > 0$.

304. Prove que, se um conjunto A tem *n* elementos, então o número de subconjuntos de A é 2^n.

305. Quantos subconjuntos não vazios possui o conjunto A com *n* elementos?

306. Calcule o valor da expressão:
$$1 + \left(\frac{1}{4}\right)^n + \sum_{k=1}^{n} \binom{n}{k}\left(\frac{1}{4}\right)^{n-k}\left(\frac{3}{4}\right)^k$$

307. Demonstre que $\forall n \in \mathbb{N}^*$
$$\binom{n}{0} - \binom{n}{1} + \binom{n}{2} - \binom{n}{3} + ... + (-1)^n \binom{n}{n} = 0.$$

308. Se $p > 0$, $q > 0$, $p + q = 1$ e $(p + q)^n = \sum_{i=0}^{n} \binom{n}{i} p^i q^{n-i}$, $n > 0$, demonstre que $\binom{n}{i} p^i q^{n-i}$ é sempre menor do que 1.

309. Verifique que, quando *n* é ímpar,
$$2^{n-1} = \binom{n}{0} + \binom{n}{2} + \binom{n}{4} + ... + \binom{n}{n-1}.$$

Sugestão:
$$\left[\binom{n}{0} + \binom{n}{2} + ... + \binom{n}{n-1}\right] + \left[\binom{n}{n} + \binom{n}{n-2} + ... + \binom{n}{3} + \binom{n}{1}\right] = 2^n$$

BINÔMIO DE NEWTON

310. Prove que:

$$\binom{n}{1} + 2\binom{n}{2} + 3\binom{n}{3} + \ldots + n\binom{n}{n} = n \cdot 2^{n-1}$$

Solução

Sabemos que:

$$(1+x)^n = \binom{n}{0} + \binom{n}{1}x + \binom{n}{2}x^2 + \ldots + \binom{n}{n}x^n$$

Derivando membro a membro em relação a x, temos:

$$n \cdot (1+x)^{n-1} = \binom{n}{1} + 2\binom{n}{2}x + 3\binom{n}{3}x^2 + \ldots + n\binom{n}{n}x^{n-1}$$

Fazendo $x = 1$ nesta igualdade, resulta:

$n \cdot 2^{n-1} = \binom{n}{1} + 2\binom{n}{2} + 3\binom{n}{3} + \ldots + n\binom{n}{n}$, que é o que queríamos demonstrar.

311. Prove que:

$$2 \cdot 1\binom{n}{2} + 3 \cdot 2\binom{n}{3} + 4 \cdot 3\binom{n}{4} + \ldots + n \cdot (n-1)\binom{n}{n} = n \cdot (n-1) \cdot 2^{n-2}$$

312. Demonstre a relação de Euler.

$$\binom{m+n}{p} = \binom{m}{0}\binom{n}{p} + \binom{m}{1}\binom{n}{p-1} + \binom{m}{2}\binom{n}{p-2} + \ldots + \binom{m}{p}\binom{n}{0}$$

Sugestão: $(1+x)^{m+n} = (1+x)^m \cdot (1+x)^n$; desenvolva cada membro e identifique os coeficientes dos termos semelhantes.

313. Usando a relação de Euler, prove que:

$$\binom{2n}{n} = \binom{n}{0}^2 + \binom{n}{1}^2 + \binom{n}{2}^2 + \ldots + \binom{n}{n}^2$$

314. Demonstre a relação de Stifel, isto é:

$$\binom{n}{p} = \binom{n-1}{p-1} + \binom{n-1}{p} \quad \forall n \in \mathbb{N}, n \geq 2 \text{ e } p \leq n.$$

Solução

Consideremos um conjunto A com n elementos, e consideremos um determinado elemento $a \in A$. Vamos calcular o número de combinações dos elementos de A, tomados p a p, de dois modos:

1º modo: Diretamente pela fórmula, isto é, $\binom{n}{p}$ (1)

2º modo: Calculamos o número de combinações que não possuam o elemento a.

Tal número é $\binom{n-1}{p}$.

Em seguida, calculamos o número de combinações que possuem o elemento a. Tal número é $\binom{n-1}{p-1}$.

Ao todo, o número de combinações será:

$\binom{n-1}{p} + \binom{n-1}{p-1}$ (2)

De (1) e (2) concluímos que:

$\binom{n}{p} = \binom{n-1}{p-1} + \binom{n-1}{p}$

315. Demonstre que a soma dos quadrados dos n primeiros números inteiros positivos é:

$S = \dfrac{n(2n+1)(n+1)}{6}$.

Sugestão: Use a identidade

$(x+1)^3 = x^3 + 3x^2 + 3x + 1$

e faça x assumir os valores 1, 2, 3, ..., n.

316. Escreva n parcelas contendo o desenvolvimento de $(k+1)^3$ para k = 1, 2, 3, ..., n − 1, n. Some todas as parcelas, elimine os termos semelhantes e obtenha $1^2 + 2^2 + 3^2 + ... + n^2$.

317. Mostre que, se n(n ⩾ 2) é par, os valores de $\binom{n}{p}$ para p = 0, 1, 2, ..., n vão crescendo, atingem um valor máximo para p = $\dfrac{n}{2}$ e depois vão decrescendo.

Solução

Consideramos dois coeficientes binomiais consecutivos $\binom{n}{p-1}$ e $\binom{n}{p}$ e calculemos seu quociente:

$$\frac{\binom{n}{p}}{\binom{n}{p-1}} = \frac{\frac{n!}{p!(n-p)!}}{\frac{n!}{(p-1)!(n-p+1)!}} = \frac{n-p+1}{p}$$

a) Os valores de $\binom{n}{p}$ irão crescendo até atingir o máximo se, e somente se, $\frac{n-p+1}{p} > 1$.

Portanto:
$n - p + 1 > p \Leftrightarrow n + 1 > 2p \Leftrightarrow p < \frac{n+1}{2}$

Isto é, $\binom{n}{p}$ irá crescendo, quando p variar de 0 até o menor inteiro que não supera $\frac{n+1}{2}$, que é $\frac{n}{2}$.

b) Os valores de $\binom{n}{p}$ irão decrescendo se, e somente se, $\frac{n-p+1}{p} < 1$.

Portanto:
$n - p + 1 < p \Leftrightarrow n + 1 < 2p \Leftrightarrow p > \frac{n+1}{2}$

Isto é $\binom{n}{p}$ irá decrescendo, quando p variar de $\frac{n}{2} + 1$ até n.

c) De (a) concluímos que o maior valor de $\binom{n}{p}$ é atingido para $p = \frac{n}{2}$.

Exemplo:

Os coeficientes binomiais para n = 4 são:

$\binom{4}{0}$ $\binom{4}{1}$ $\binom{4}{2}$ $\binom{4}{3}$ $\binom{4}{4}$

1   4   6   4   1

       →   ↑   →

    aumenta   valor   diminui
               máximo

318. Mostre que, se n é ímpar, os valores de $\binom{n}{p}$ para $p = 0, 1, 2, ..., n$ vão crescendo, atingirão valor máximo para dois valores de $p \left(p = \frac{n-1}{2} \text{ e } p = \frac{n+1}{2} \right)$ e em seguida vão decrescendo.

BINÔMIO DE NEWTON

319. Determine a condição para que $\binom{n}{k}$ sejá o dobro de $\binom{n}{k-1}$.

320. Sejá $P(x) = a_0 + a_1 x + a_2 x^2 + \ldots + a_{100} x^{100}$, em que $a_{100} = 1$, um polinômio divisível por $(x+9)^{100}$. Calcule o valor de a_2.

321. Resolva a equação trigonométrica:
$$\operatorname{sen}^4 x - 4 \cdot \operatorname{sen}^3 x + 6 \cdot \operatorname{sen}^2 x - 4 \cdot \operatorname{sen} x + 1 = 0$$
utilizando o binômio de Newton.

322. Calcule p na equação $\binom{14}{3p} = \binom{14}{p+6}$.

Solução

Já vimos que a equação em x, $\binom{n}{x} = \binom{n}{p}$, tem solução para $x = p$ ou $x = n - p$. Em virtude das propriedades dadas nos exercícios 318 e 317, isto é, os binomiais $\binom{n}{x}$ crescem inicialmente, atingem um, ou dois valores máximos, e depois decrescem, concluímos que $\binom{n}{x} = \binom{n}{p}$ para no máximo dois valores de x que, conforme já vimos, são $x = p$ e $x = n - p$.

Portanto, a solução da equação dada é:
$$\begin{cases} 3p = p + 6 & (1) \\ \quad \text{ou} \\ 3p = 14 - (p+6) & (2) \end{cases}$$
$(1) \Rightarrow p = 3$ ou $(2) \Rightarrow p = 2$

323. Sendo $\binom{10}{p-3} = \binom{10}{p+3}$, calcule p.

324. Resolva $\binom{14}{x} = \binom{14}{2x-1}$.

325. Resolva a equação $\binom{12}{p+3} = \binom{12}{p-1}$.

326. Determine m para que $\binom{11}{m-1} = \binom{11}{2m-3}$.

BINÔMIO DE NEWTON

327. Uma pessoa possui um certo número m de objetos distintos. Agrupando-os 3 a 3 de modo que cada grupo difira do outro por possuir pelo menos um objeto diferente, obtém-se o mesmo número de grupos se os juntar 5 a 5, do mesmo modo. Determine $\binom{m}{3}$.

328. Sendo m, p e q números inteiros e positivos, com $q < p$ e $\binom{m}{p+q} = \binom{m}{p-q}$. Determine a relação entre eles.

329. Sabendo que $\binom{m-1}{p-1} = 10$ e $\binom{m}{m-p} = 55$, calcule $\binom{m-1}{p}$.

330. Seja $\mathbb{N}$ o conjunto dos números inteiros positivos. Determine o conjunto de todos os $n \in \mathbb{N}$, $n > 2$, para os quais $\binom{n}{3} = \binom{n-1}{3} + \binom{n-1}{2}$.

331. Qual(is) o(s) maior(es) coeficiente(s) binomial(is) $\binom{n}{p}$ para:

a) $n = 12$?
b) $n = 15$?

332. Qual o termo de maior coeficiente no desenvolvimento de $(\sqrt{x} + y^2)^{10}$?

V. Expansão multinomial

65. Já vimos como é possível obter o desenvolvimento de um binômio $(x + a)^n$, $\forall n \in \mathbb{N}$.

Vamos agora, com raciocínio semelhante, obter o desenvolvimento de expressões do tipo $(x + y + z)^n$, $(x + y + z + t)^n$, etc. ($n \in \mathbb{N}$), em que a base da potência de expoente n é um polinômio.

66. Exemplo 1:

$(x + y + z)^5 = \underbrace{(x + y + z) \cdot (x + y + z) \cdot (x + y + z) \cdot (x + y + z) \cdot (x + y + z)}_{\text{5 fatores}}$

Pela propriedade distributiva da multiplicação, devemos tomar um termo de cada fator (escolhidos entre x, y, z) e, em seguida, multiplicá-los. Feitas todas as escolhas possíveis e multiplicados os termos, a soma desses produtos será o desenvolvimento de $(x + y + z)^5$. Os tipos de produtos que podemos obter são da forma

$$x^i \cdot y^j \cdot z^k$$

em que $i, j, k \in \mathbb{N}$ e $i + j + k = 5$.

Para cada i, j, k fixados, o coefieiente do termo $x^i \cdot y^j \cdot z^k$ será o número de sequências de cinco letras, com i letras x, j letras y e k letras z, isto é:

$$P_5^{i, j, k} = \frac{5!}{i! \, j! \, k!}$$

Portanto, o coeficiente de $x^i \cdot y^j \cdot z^k$ é $\frac{5!}{i! \, j! \, k!}$.

Tomando todos os termos do tipo $x^i \cdot y^j \cdot z^k$ para $i, j, k \in \mathbb{N}$ e $i + j + k = 5$ e calculando os seus coeficientes, a soma deles, precedidos pelos respectivos coeficientes, dará a expansão de $(x + y + z)^5$.

Em particular, o coeficiente do termo $x^2 \cdot y^2 \cdot z$ será:

$$P_5^{2, 2, 1} = \frac{5!}{2! \, 2! \, 1!} = 30$$

Portanto, o termo em $x^2 y^2 z$ será $30x^2 \cdot y^2 \cdot z$.

De um modo geral, a expansão do polinômio, $(x_1 + x_2 + ... + x_r)^n$, com $x_1, x_2, ..., x_r \in \mathbb{R}$ e $n \in \mathbb{N}$ será

$$\sum \left(\frac{n!}{n_1! \, n_2! \, ... \, n_r!} x_1^{n_1} \cdot x_2^{n_2} \cdot ... \cdot x_r^{n_r} \right)$$

em que a soma é estendida para:

$$\begin{cases} n_1, n_2, ..., n_r \in \mathbb{N} \\ \quad\quad e \\ n_1 + n_2 + ... + n_r = n \end{cases}$$

67. Exemplo 2:

Qual o coeficiente de xyz no desenvolvimento de $(x + y + z)^3$?
O coeficiente de xyz é:

$$P_3^{1, 1, 1} = \frac{3!}{1! \, 1! \, 1!} = 6$$

68. Exemplo 3:

Qual o coeficiente de x^5 no desenvolvimento de $(1 + x + x^2)^{10}$?

O termo genérico é:

$$\frac{10!}{i!\,j!\,k!}(1)^i \cdot (x)^j \cdot (x^2)^k = \frac{10!}{i!\,j!\,k!}\,x^{j+2k}$$

Devemos impor que $j + 2k = 5$. Vamos resolver essa equação, atribuindo valores para j e notando que i está automaticamente determinado pela condição $i + j + k = 10$.

j	k	i
1	2	7
3	1	6
5	0	5

Notemos que para $j = 0$ ou $j = 2$ ou $j = 4$ ou $j = 6$ ou $j = 7$ ou $j = 8$ ou $j = 9$ ou $j = 10$ não existe $k \in \mathbb{N}$ satisfazendo $j + 2k = 5$.

Temos, então:

1) $i = 7; j = 1; k = 2$
O coeficiente de x^5 será: $\dfrac{10!}{7!\,1!\,2!} = 360$

2) $i = 6; j = 3; k = 1$
O coeficiente de x^5 será: $\dfrac{10!}{6!\,3!\,1!} = 840$

3) $i = 5; j = 5; k = 0$
O coeficiente de x^5 será: $\dfrac{10!}{5!\,5!\,0!} = 252$

Logo, o coeficiente de x^5 (desenvolvendo todo o polinômio) será:

$$(360 + 840 + 252) = 1\,452$$

EXERCÍCIOS

333. Desenvolvendo o polinômio $(x + y + z)^4$, qual o coeficiente do termo em x^2yz? E do termo xyz^2?

334. Qual o coeficiente do termo em $x^2y^3z^2$ no desenvolvimento de $(x + y + z)^7$?

335. Mostre que o coeficiente de x^3 no desenvolvimento de $(1 + 3x + 2x^2)^{10}$ é $3\,780$.

336. Qual a soma dos coeficientes dos termos do desenvolvimento de $(x + y + z)^5$?

337. Determine o termo independente de x em $\left(1 + x + \dfrac{2}{x}\right)^3$.

338. Qual é o coeficiente de x^8 no desenvolvimento de $(1 + x^2 - x^3)^9$?

LEITURA

Pascal e a teoria das probabilidades

Hygino H. Domingues

Somente cerca de cem anos depois de Girolamo Cardano escrever seu *Liber de ludo aleae* (em torno de 1550; ver pág. 57), obra considerada o marco inicial da teoria das probabilidades, seria dado o passo seguinte (e decisivo) para a criação dessa área da matemática.

O cenário agora era a França, onde o requintado nobre francês Antoine Gambaud, o Chevalier de Méré, como Cardano um inveterado jogador, estava às voltas com problemas como: "Dois jogadores de igual habilidade resolvem interromper o jogo antes do término. Sendo conhecido o número de pontos de cada um até essa altura, em que proporção devem ser divididas as apostas?". Apesar de possuir várias ideias aritméticas sobre o assunto, fruto de sua experiência e perspicácia, Gambaud decidiu recorrer ao grande matemático francês Blaise Pascal (1623-1662), em busca de segurança. Este se entusiasmou tanto com as questões que até iniciou correspondência a respeito com seu conterrâneo Pierre de Fermat, resultando desse intercâmbio as bases da moderna teoria das probabilidades.

Órfão de mãe aos 3 anos de idade, Pascal foi educado por seu pai, um intelectual respeitado, com ideias pedagógicas não muito convencionais. Assim é que, segundo seus preceitos, considerando a débil saúde do filho, achava que ele só deveria começar a aprender geometria aos 15 anos de idade. Mas o menino Pascal, aos 12 anos de idade, tentou reinventar sozinho aquele saber proibido a ele, comoveu o pai e acabou ganhando um exemplar da obra *Elementos*, de Euclides. Aos 14 passou a frequentar as reuniões científicas promovidas pelo matemático M. Mersenne (1588-1648) das quais participavam Descartes,

Roberval, Desagues e seu pai, entre outros. Dois anos depois apresentava uma contribuição notável: a memória "Essay pour les coniques", uma obra-prima da geometria projetiva em uma folha impressa apenas.

Em 1642, portanto com 17 anos de idade, para aliviar seu pai dos exaustivos cálculos que era obrigado a fazer, como fiscal na Normandia, planejou uma máquina de calcular. A Pascaline, como veio a se chamar, cujo modelo definitivo é de 1652, chegou até a ser comercializada (embora sem o sucesso previsto por Pascal) e representa um dos mais antigos protótipos de calculadoras mecânicas.

Em 1654, depois de se dedicar por algum tempo à física experimental, Pascal voltou à matemática em duas frentes. De um lado para escrever a "Obra completa sobre cônicas" (certamente uma continuação do pequeno "Essay"), que nunca foi impressa e acabou se perdendo. A outra frente foi a teoria das probabilidades.

Embora sem transformar em livro sua correspondência sobre o assunto com Fermat (a qual seria aproveitada por Huygens), em 1654 redige seu *Tratado do triângulo aritmético*, uma exposição das propriedades dos coeficientes binomiais (coeficientes dos termos de $(a + b)^n$, $n = 1, 2, ..., n, ...$) e relações entre eles (a primeira sistemática a ser feita – daí o triângulo estar associado ao nome de Pascal), com alguns princípios de probabilidade. Por exemplo, a soma dos termos da terceira diagonal, formada pelos coeficientes de $(a + b)^3$, ou seja, $1 + 3 + 3 + 1 = 8$, representa o número de possibilidades no lançamento de três moedas; e esses termos, as ocorrências possíveis: uma possibilidade de três caras; três possibilidades de duas caras e uma coroa; etc. O triângulo da figura é apresentado segundo o modelo de Pascal.

Pascal (1623-1662).

1	1	1	1	1
1	2	3	4	
1	3	6		
1	4			
1				

Depois disso Pascal se recolheu à meditação religiosa, voltando à matemática apenas uma vez mais, em 1658, para trabalhar febrilmente, movido por razões místicas, na geometria da cicloide. O mesmo misticismo que fez com que Pascal fosse, dentre os grandes matemáticos, aquele que provavelmente menos empenhou toda a genialidade de que era dotado para a Matemática a serviço dessa ciência.

LEITURA

Os irmãos Jacques e Jean Bernoulli

Hygino H. Domingues

Importantes campos novos da matemática, como o Cálculo, a Geometria Analítica e a Teoria das Probabilidades, despontaram em sua forma moderna no século XVII. Mas, obviamente, considerando inclusive o estágio da matemática na época, sem uma fundamentação lógica consistente. Explorar as potencialidades desses campos e fundamentá-los seria uma tarefa longa. E já no século XVII o trabalho de explorar esses campos visando desenvolvê-los e buscar aplicações para eles inicia-se revelando nomes de grande talento matemático, como os irmãos Jacques Bernoulli (1654-1705) e Jean Bernoulli (1667-1748), da Basileia, na Suíça.

A família Bernoulli pertencia à burguesia comercial da Basileia, onde se fixara, vinda em fuga da Antuérpia no final do século XVI, após esta cidade ter sido conquistada pela Espanha católica (os Bernoulli eram huguenotes). Cerca de meio século depois, por alguma mutação difícil de explicar, a família começou a produzir cientistas (não sem decepcionar alguns patriarcas) de maneira talvez inédita na história da humanidade. Só matemáticos, até a primeira metade do século XIX, contam-se nada menos que treze. Mas possivelmente nenhum tenha superado em brilho os irmãos Jacques e Jean já citados.

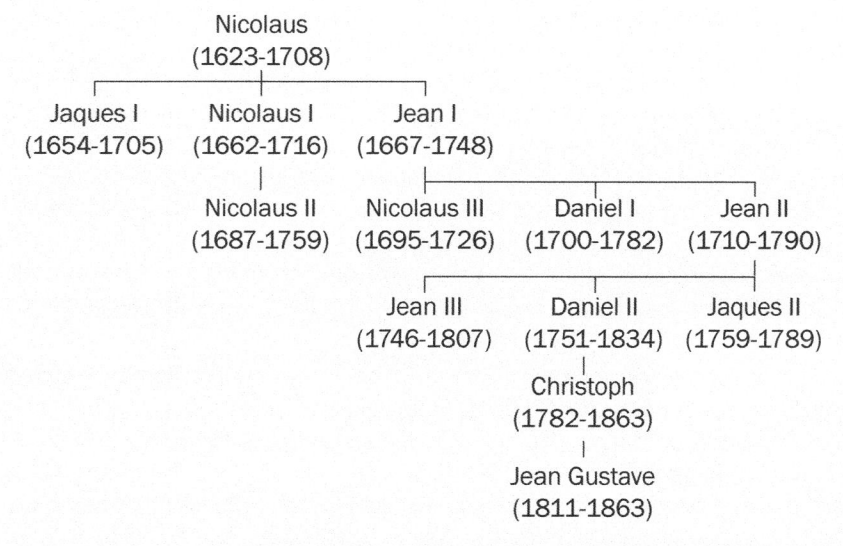

```
                      Nicolaus
                     (1623-1708)
          ┌──────────────┼──────────────┐
     Jaques I        Nicolaus I        Jean I
    (1654-1705)     (1662-1716)     (1667-1748)
                          │                │
                     Nicolaus II    ┌──────┴──────┬──────────────┐
                    (1687-1759)  Nicolaus III   Daniel I       Jean II
                                 (1695-1726)  (1700-1782)   (1710-1790)
                                              ┌──────┼──────────────┐
                                           Jean III  Daniel II    Jaques II
                                         (1746-1807)(1751-1834) (1759-1789)
                                                     │
                                                  Christoph
                                                 (1782-1863)
                                                     │
                                                Jean Gustave
                                                 (1811-1863)
```

Os Bernoullis matemáticos: árvore genealógica.

Jacques graduou-se em teologia em 1676 na Universidade da Basileia, atendendo aos desejos do pai. Os seus próprios desejos aparecem no lema que posteriormente adotou: "Invito patre sidera verso" (Estudo as estrelas contra a vontade de meu pai).

Assim, entende-se por que desde os tempos de estudante dedicava o melhor de seu tempo à matemática e à astronomia. De 1676 a 1682 percorre França, Inglaterra e Holanda para se atualizar cientificamente e na volta à Basileia funda uma escola de matemática e ciência. Cinco anos depois assumiu a cadeira de Matemática da Universidade local, onde ficou até à morte.

No que se refere ao Cálculo, Jacques o estudou na forma idealizada por Leibniz, sendo aliás um dos primeiros matemáticos a dominar os artigos em que este lançou as bases de suas ideias sobre o assunto. Ao contrário de Newton, Leibniz era aberto à troca de informações científicas, com o que conseguiu muitos seguidores e correspondentes, entre os quais Jacques.

Dentre as múltiplas contribuições de Jacques à matemática, talvez a que o tenha tornado mais conhecido seja seu livro *Ars conjectandi* (*A arte de conjecturar*) no qual trabalhou cerca de 20 anos (sem completá-lo totalmente) e que só foi publicado após sua morte (em 1713). Trata-se da primeira obra substancial sobre a teoria das probabilidades.

O *Ars conjectandi* está dividido em quatro partes. Na primeira reproduz a breve introdução de Huygens ao assunto. A segunda é um apanhado geral dos resultados básicos sobre permutações e combinações. Nela figura inclusive a primeira demonstração correta (por indução) do teorema binomial para expoentes inteiros positivos. A terceira apresenta 24 problemas sobre jogos de azar muito populares na época. A última termina com o célebre "teorema de Bernoulli" ou "Lei dos grandes números" (Jacques não viveu para incluir nela as aplicações à economia e à política que tinha em vista).

Jean Bernoulli, segundo os planos de seu pai, deveria sucedê-lo à testa dos negócios da família. Contudo, sem vocação comercial, conseguiu dissuadir o velho de suas intenções concordando em fazer medicina. Mas, simultaneamente, era orientado pelo irmão para o caminho que aspirava trilhar – o da matemática e das ciências físicas. Tanto quanto Jacques, logo dominou os métodos do cálculo de Leibniz, tornando-se um dos maiores expoentes e divulgadores do assunto em sua época. Após 10 anos como professor de Matemática da Universidade de Groningen (Holanda), em 1705 sucedeu o falecido irmão na Universidade da Basileia, onde também ficou até à morte.

Um episódio que marcou a vida de Jean foi seu relacionamento com o Marquês de L'Hospital (1661-1704). Este nobre francês, desejando dominar o Cálculo, então uma novidade científica, contratou para tanto os serviços de Jean, o qual, sabe-se lá por que, concordou até com o que o Marquês usasse como lhe aprouvesse as descobertas que fazia e que a ele comunicava. E em 1696 L'Hospital lançou o livro *Analyse des infinement petits*, o primeiro texto de

Jean Bernoulli (1667-1748). *Jacques Bernoulli (1654-1705).*

Cálculo a ser publicado, não sem agradecimentos especiais, embora genéricos, ao "jovem professor de Groningen". O livro teve muito sucesso, o que chegou a envaidecer Jean. Mas este, após a morte do autor, passou a reivindicar a paternidade de boa parte do conteúdo do livro – tudo indica que com razão. Por exemplo, o teorema sobre limites de quocientes, conhecido hoje como *regra de L'Hospital*, muito provavelmente é de Jean Bernoulli.

A matemática, que foi um elo de ligação a mais entre os irmãos Jacques e Jean, acabou por estremecer as relações entre ambos, dado o zelo com que se empenhavam em suas pesquisas. O pivô da desavença entre ambos pode ter sido o problema da *braquistócrona* (nome derivado das palavras gregas *menor* e *tempo*) com que a certa altura Jean desafiou a comunidade matemática do mundo. Dever-se-ia encontrar a curva que uma partícula descreve para descer, sob a ação de gravidade, no menor espaço de tempo possível, de um ponto A a um ponto B (abaixo, mas não diretamente abaixo de A). A solução do problema é o arco (único) da cicloide invertida unindo A com B. A cicloide é a curva descrita por um ponto P de uma circunferência que roda sem deslizar sobre uma reta – ver figura a seguir.

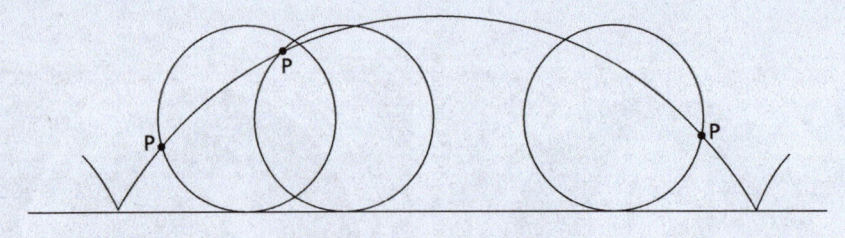

Cicloide gerada pelo ponto P.

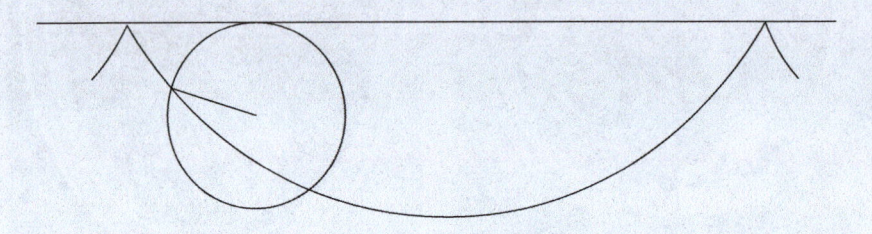

A cicloide (invertida).

    Somente cinco matemáticos da época chegaram a essa resposta acertadamente: Newton, Leibniz, L'Hospital e os irmãos Bernoulli. Segundo algumas versões, a resolução inicial de Jean não era satisfatória, o que o teria levado a tentar usar, de alguma maneira, a do irmão. Daí talvez o atrito. Mas supostamente uma outra solução obtida por ele, além de original, tinha um alcance maior que a de Jacques, sendo considerada, inclusive, o ponto de partida de um novo ramo da matemática: o cálculo de variações.

CAPÍTULO III
Probabilidade

I. Experimentos aleatórios

69. Chamamos de experimentos aleatórios aqueles que, repetidos em idênticas condições, produzem resultados que não podem ser previstos com certeza. Embora não saibamos qual o resultado que irá ocorrer num experimento, em geral conseguimos descrever o conjunto de **todos os resultados possíveis** que podem ocorrer. As variações de resultados, de experimento para experimento, são devidas a uma multiplicidade de causas que não podemos controlar, as quais denominamos **acaso**.

70. Exemplos de experimentos aleatórios

a) Lançar uma moeda e observar a face de cima.

b) Lançar um dado e observar o número da face de cima.

c) Lançar duas moedas e observar as sequências de caras e coroas obtidas.

d) Lançar duas moedas e observar o número de caras obtidas.

e) De um lote de 80 peças boas e 20 defeituosas, selecionar 10 peças e observar o número de peças defeituosas.

f) De uma urna contendo 3 bolas vermelhas e 2 bolas brancas, selecionar uma bola e observar sua cor.

g) De um baralho de 52 cartas, selecionar uma carta e observar seu naipe.

h) Numa cidade onde 10% dos habitantes possuem determinada moléstia, selecionar 20 pessoas e observar o número de portadores da moléstia.

PROBABILIDADE

i) Observar o tempo que um certo aluno gasta para ir de ônibus de sua casa até a escola.

j) Injetar uma dose de insulina em uma pessoa e observar a quantidade de açúcar que diminuiu.

k) Sujeitar uma barra metálica a tração e observar sua resistência.

II. Espaço amostral

71. Chamamos de **espaço amostral**, e indicamos por Ω, um conjunto formado por **todos os resultados possíveis** de um experimento aleatório.

72. Exemplos:

a) Lançar uma moeda e observar a face de cima.

$\Omega = \{K, C\}$, em que K representa **cara** e C, **coroa**.

b) Lançar um dado e observar o número da face de cima.

$\Omega = \{1, 2, 3, 4, 5, 6\}$

c) De uma urna contendo 3 bolas vermelhas (V), 2 bolas brancas (B) e 5 bolas azuis (A), extrair uma bola e observar sua cor.

$\Omega = \{V, B, A\}$

d) Lançar uma moeda duas vezes e observar a sequência de caras e coroas.

$\Omega = \{(K, K), (K, C), (C, K), (C, C)\}$

e) Lançar uma moeda duas vezes e observar o número de caras.

$\Omega = \{0, 1, 2\}$

f) Um lote tem 20 peças. Uma a uma, elas são ensaiadas e observa-se o número de defeituosas.

$\Omega = \{0, 1, 2, 3, ..., 19, 20\}$

g) Uma moeda é lançada até que o resultado cara (K) ocorra pela primeira vez. Observa-se em qual lançamento esse fato ocorre.

$\Omega = \{1, 2, 3, 4, ...\}$

73. Observação:

Diremos que o espaço amostral Ω é finito, se $\#\Omega = n \in \mathbb{N}^*$ (e o caso dos exemplos a, b, c, d, e, f); caso contrário diremos que Ω é infinito (é o caso do exemplo g).

Neste livro, nos restringiremos aos experimentos aleatórios cujos espaços amostrais são finitos.

EXERCÍCIOS

Dê um espaço amostral para cada experimento abaixo.

339. Uma letra é escolhida entre as letras da palavra PROBABILIDADE.

340. Uma urna contém bolas vermelhas (V), bolas brancas (B) e bolas azuis (A). Uma bola é extraída e observada sua cor.

341. Uma urna tem 50 bolinhas numeradas de 1 a 50. Uma bolinha e extraída e observado seu número.

342. De um baralho de 52 cartas, uma é extraída e observada.

343. Uma urna contém 5 bolas vermelhas (V) e 2 brancas (B). Duas bolas são extraídas, sem reposição, e observadas suas cores, na sequência em que foram extraídas.

344. Três pessoas A, B e C são colocadas numa fila e observa-se a disposição das mesmas.

345. Um casal planeja ter 3 filhos. Observa-se a sequência de sexos dos 3 filhos.

346. Dois dados, um verde e um vermelho, são lançados; observam-se os números das faces de cima.

Solução

Podemos considerar cada resultado como um par de números (a, b) em que a representa o resultado no dado verde e b o resultado no dado vermelho. Isto é, Ω é o conjunto.

$\Omega = \{$(1, 1) (2, 1) (3, 1) (4, 1) (5, 1) (6, 1)

(1, 2) (2, 2) (3, 2) (4, 2) (5, 2) (6, 2)

(1, 3) (2, 3) (3, 3) (4, 3) (5, 3) (6, 3)

(1, 4) (2, 4) (3, 4) (4, 4) (5, 4) (6, 4)

(1, 5) (2, 5) (3, 5) (4, 5) (5, 5) (6, 5)

(1, 6) (2, 6) (3, 6) (4, 6) (5, 6) (6, 6)$\}$

PROBABILIDADE

347. Entre 5 pessoas A, B, C, D, E, duas são escolhidas para formarem uma comissão. Observam-se os elementos dessa comissão.

348. Pergunta-se a uma pessoa (não nascida em ano bissexto) a data de seu aniversário (mas não o ano do nascimento). Observa-se essa data.

III. Evento

74. Consideremos um experimento aleatório, cujo espaço amostral é Ω. Chamaremos de **evento** todo subconjunto de Ω. Em geral indicamos um evento por uma letra maiúscula do alfabeto: A, B, C, ..., X, Y, Z.

Diremos que **um evento A ocorre** se, realizado o experimento, o resultado obtido for pertencente a A. Os eventos que possuem um **único elemento** (#A = 1) serão chamados **eventos elementares**.

75. Exemplos:

1º) Um dado é lançado e observa-se o número da face de cima.
$\Omega = \{1, 2, 3, 4, 5, 6\}$
Eis alguns eventos:
A: ocorrência de número ímpar. A = $\{1, 3, 5\}$.
B: ocorrência de número primo. B = $\{2, 3, 5\}$.
C: ocorrência de número menor que 4. C = $\{1, 2, 3\}$.
D: ocorrência de número menor que 7. D = $\{1, 2, 3, 4, 5, 6\}$ = Ω.
E: ocorrência de número maior ou igual a 7. E = $\varnothing$.

2º) Uma moeda é lançada 3 vezes, e observa-se a sequência de caras e coroas.
$\Omega = \{(K, K, K); (K, K, C); (K, C, K); (K, C, C); (C, K, K); (C, K, C); (C, C, K); (C, C, C)\}$.
Eis alguns eventos:
A: ocorrência de cara (K) no 1º lançamento.
A = $\{(K, K, K); (K, K, C); (K, C, K); (K, C, C)\}$
B: ocorrência de exatamente uma coroa.
B = $\{(K, K, C); (K, C, K); (C, K, K)\}$

C: ocorrência de, no máximo, duas coroas.

C = {(K, K, K); (K, K, C); (K, C, K); (K, C, C); (C, K, K); (C, K, C); (C, C, K)}

D: ocorrência de pelo menos duas caras.

D = {(K, K, K); (K, K, C); (K, C, K); (C, K, K)}

76. Observação:

Notemos que, se $\#\Omega = n$, então Ω terá 2^n subconjuntos e, portanto; 2^n eventos. Entre os eventos, salientamos o $\varnothing$ (chamado **evento impossível**) e o próprio Ω (chamado **evento certo**).

IV. Combinações de eventos

Se usarmos certas operações entre conjuntos (eventos), poderemos combinar conjuntos (eventos) para formar novos conjuntos (eventos).

77. União de dois eventos

Sejam A e B dois eventos; então $A \cup B$ será também um evento que ocorrerá se, e somente se, A ou B (ou ambos) ocorrerem. Dizemos que $A \cup B$ é a **união** entre o evento A e o evento B.

78. Interseção de dois eventos

Sejam A e B dois eventos; então $A \cap B$ será também um evento que ocorrerá se, e somente se, A e B ocorrerem **simultaneamente**. Dizemos que $A \cap B$ é a interseção entre o evento A e o evento B.

Em particular, se $A \cap B = \varnothing$, A e B são chamados **mutuamente exclusivos**.

79. Complementar de um evento

Seja A um evento; então A^C será também um evento que ocorrerá se, e somente se, A **não ocorrer**.

Dizemos que A^C é o **evento complementar** de A.

80. Exemplo:

Um dado é lançado e é observado o número da face de cima.

$\Omega = \{1, 2, 3, 4, 5, 6\}$

Sejam os eventos:

A: ocorrência de número par. $\qquad$ A = {2, 4, 6}
B: ocorrência de número maior ou igual a 4. $\qquad$ B = {4, 5, 6}
C: ocorrência de número ímpar. $\qquad$ C = {1, 3, 5}

Então, teremos:

A ∪ B: ocorrência de número par ou número maior ou igual a 4.
A ∪ B = {2, 4, 5, 6}
A ∩ B: ocorrência de um número par e um número maior ou igual a 4.
A ∩ B = {4, 6}
A ∩ C: ocorrência de um número par e um número ímpar.
A ∩ C = ∅ (A e C mutuamente exclusivos).
A^C: ocorrência de um número não par.
A^C = {1, 3, 5}
B^C: ocorrência de um número menor que 4.
B^C = {1, 2, 3}

81. União de *n* eventos

Seja $A_1, A_2, ..., A_n$ uma sequência de eventos. Então

$$\bigcup_{i=1}^{n} A_i = A_1 \cup A_2 \cup ... \cup A_n$$

será também um evento que ocorrerá se, e somente se, **ao menos um dos eventos A_j ocorrer**. Dizemos que $A_1 \cup A_2 \cup ... \cup A_n$ é a união dos eventos $A_1, A_2, ..., A_n$.

82. Interseção de *n* eventos

Seja $A_1, A_2, ..., A_n$ uma sequência de eventos. Então

$$\bigcap_{i=1}^{n} A_i = A_1 \cap A_2 \cap ... \cap A_n$$

será também um evento que ocorrerá se, e somente se, **todos os eventos A_j ocorrerem simultaneamente**.

83. Exemplo:

Um número é sorteado entre os 100 inteiros de 1 a 100. Sejam os eventos A_i: ocorrência de um número maior que i, $\forall i \in \{1, 2, 3, 4\}$.

Então:
$A_1 = \{2, 3, ..., 100\}$
$A_2 = \{3, 4, ..., 100\}$
$A_3 = \{4, 5, ..., 100\}$
$A_4 = \{5, 6, ..., 100\}$

$\bigcup_{i=1}^{4} A_i = \{2, 3, ..., 100\}$ $\bigcap_{i=1}^{4} A_i = \{5, 6, ..., 100\}$

EXERCÍCIOS

349. Uma urna contém 30 bolinhas numeradas de 1 a 30. Uma bolinha é escolhida e é observado seu número. Seja $\Omega = \{1, 2, 3, ..., 29, 30\}$. Descreva os eventos:

a) o número obtido é par

b) o número obtido é ímpar

c) o número obtido é primo

d) o número obtido é maior que 16

e) o número é múltiplo de 2 e de 5

f) o número é múltiplo de 3 ou de 8

g) o número não é múltiplo de 6

350. Dois dados, um verde e um vermelho, são lançados. Seja Ω o conjunto dos pares (a, b), em que *a* representa o número do dado verde e *b* o do dado vermelho.

Descreva os eventos:

a) A: ocorre 3 no dado verde

b) B: ocorrem números iguais nos dois dados

c) C: ocorre número 2 em ao menos um dado

d) D: ocorrem números cuja soma é 7

e) E: ocorrem números cuja soma é menor que 7

PROBABILIDADE

351. Uma moeda e um dado são lançados. Seja:

$\Omega = \{(K, 1); (K, 2); (K, 3); (K, 4); (K, 5); (K, 6); (C, 1); (C, 2); (C, 3); (C, 4); (C, 5); (C, 6)\}$

Descreva os eventos:

a) A: ocorre cara
b) B: ocorre número par
c) C: ocorre o número 3
d) $A \cup B$

e) $B \cap C$
f) $A \cap C$
g) A^C
h) C^C

352. Um par ordenado (a, b) é escolhido entre os 20 pares ordenados do produto cartesiano A × B, em que $A = \{1, 2, 3, 4\}$ e $B = \{1, 2, 3, 4, 5\}$.

Considere $\Omega = \{(a, b) \mid a \in A \wedge b \in B\}$. Descreva os eventos:

a) $A = \{(x, y) \mid x = y\}$
b) $B = \{(x, y) \mid x > y\}$
c) $C = \{(x, y) \mid x + y = 2\}$
d) $D = \{(x, y) \mid y = x^2\}$
e) $E = \{(x, y) \mid x = 1\}$
f) $F = \{(x, y) \mid y = 3\}$

353. A urna I tem duas bolas vermelhas (V) e três brancas (B) e a urna II tem cinco bolas vermelhas e seis brancas. Uma urna é escolhida e dela é extraída uma bola e observada sua cor. Seja:

$\Omega = \{(I, V); (I, B); (II, V); (II, B)\}$

Descreva os eventos:

a) A: a urna escolhida é a I
b) B: a urna escolhida é a II
c) C: a bola escolhida é vermelha
d) D: a bola escolhida é branca

e) $A \cup B$
f) $A \cap C$
g) D^C

354. Um experimento consiste em perguntar a 3 mulheres se elas usam ou não o sabonete da marca A.

a) Dê um espaço amostral para o experimento.
b) Descreva o evento A: no máximo duas mulheres usam o sabonete da marca X.

V. Frequência relativa

84. Num experimento aleatório, embora não saibamos qual o evento que irá ocorrer, sabemos que alguns eventos ocorrem frequentemente e outros, raramente. Desejamos, então, associar aos eventos **números** que nos deem uma **indicação quantitativa** da sua ocorrência, quando o experimento é repetido muitas vezes, nas mesmas condições. Para isso, vamos definir **frequência relativa de um evento**.

85. Consideremos um experimento aleatório com espaço amostral Ω, finito, isto é, $\Omega = \{a_1, a_2, ..., a_k\}$. Suponhamos que o experimento seja repetido N vezes, nas mesmas condições. Seja n_i o número de vezes que ocorre o evento elementar a_i. Definimos **frequência relativa do evento** $\{a_i\}$ como sendo o número f_i, tal que:

$$f_i = \frac{n_i}{N} \quad \forall i \in \{1, 2, ..., k\}$$

Por exemplo, se lançarmos um dado 100 vezes (N = 100) e observarmos o número 2 (evento 2) 18 vezes, então a frequência relativa desse evento elementar será:

$$f_2 = \frac{18}{100} = 0{,}18$$

A frequência relativa possui as seguintes propriedades:

a) $0 \leq f_i \leq 1 \quad \forall i$, pois $0 \leq \frac{n_i}{N} \leq 1$.

b) $f_1 + f_2 + ... + f_k = 1$, pois

$$\frac{n_1}{N} + \frac{n_2}{N} + ... + \frac{n_k}{N} = \frac{n_1 + n_2 + ... + n_k}{N} = \frac{N}{N} = 1.$$

c) Se A é um evento de Ω (A $\neq \emptyset$), a frequência relativa do evento A (f_A) é o número de vezes que ocorre A, dividido por N. É claro que:

$$f_A = \sum_{a_i \in A} \frac{n_i}{N} = \sum_{a_i \in A} f_i.$$

Por exemplo, se A = $\{a_1, a_3, a_5\}$, então:

$$f_A = \frac{n_1 + n_3 + n_5}{N} = f_1 + f_3 + f_5$$

d) Verifica-se **experimentalmente** que a frequência relativa tende a se "estabilizar" em torno de algum valor bem definido, quando o número N de repetições do experimento é suficientemente grande.

VI. Definição de probabilidade

86. Já vimos que a frequência relativa nos dá uma informação quantitativa da ocorrência de um evento, quando o experimento é realizado um grande número de vezes. O que iremos fazer é definir um **número associado a cada evento**, de modo que ele tenha as mesmas características da frequência relativa. É claro que desejamos que

PROBABILIDADE

a frequência relativa do evento esteja "próxima" desse **número**, quando o experimento é repetido muitas vezes. A esse número daremos o nome de **probabilidade do evento** considerado.

87. Consideremos então um espaço amostral finito $\Omega = \{a_1, a_2, ..., a_k\}$. A cada **evento elementar** $\{a_i\}$ vamos associar um **número real**, indicado por $p(\{a_i\})$ ou p_i, chamado **probabilidade do evento** $\{a_i\}$, satisfazendo as seguintes condições:

(1) $0 \leq p_i \leq 1 \quad \forall i \in \{1, 2, ..., k\}$

(2) $\sum_{i=1}^{k} p_i = p_1 + p_2 + ... + p_k = 1$

Dizemos que os números $p_1, p_2, ..., p_k$ definem uma **distribuição de probabilidades** sobre Ω.

Em seguida, seja A um evento qualquer de Ω. Definimos **probabilidade do evento A** (e indicamos por P(A)) da seguinte forma:

a) Se $A = \varnothing$, $P(A) = 0$

b) Se $A \neq \varnothing$, $P(A) = \sum_{a_i \in A} p_i$

Isto é, a probabilidade de um evento constituído por um certo número de elementos é a soma das probabilidades dos resultados individuais que constituem o evento A.

88. Exemplo:

$\Omega = \{a_1, a_2, a_3, a_4\}$.
Considerando a distribuição de probabilidades:

$p_1 = 0,1 \qquad p_2 = 0,3 \qquad p_3 = 0,2 \qquad p_4 = 0,4$

Seja o evento $A = \{a_1, a_2, a_4\}$; então, por definição:

$P(A) = p_1 + p_2 + p_4 = 0,1 + 0,3 + 0,4 = 0,8$

89. Observação:

Mostramos, acima, como se pode calcular a probabilidade de um evento A (P(A)) quando é dada uma distribuição de probabilidades sobre Ω. Surge então a pergunta: Que critérios usamos para obter os números $p_1, p_2, ..., p_k$?

Podemos responder dizendo inicialmente que, do ponto de vista formal, quaisquer valores $p_1, p_2, ..., p_k$ que satisfazem:

(1) $0 \leq p_i \leq 1 \quad \forall i \in \{1, 2, ..., k\}$

(2) $\sum_{i=1}^{k} p_i = 1$

constituem uma distribuição de probabilidades sobre Ω. Por outro lado, para sermos **realistas**, devemos fazer com que cada número p_i esteja "próximo" da frequência relativa f_i, quando o experimento é repetido muitas vezes.

Isso pode ser feito levantando-se hipóteses a respeito do experimento, como por exemplo considerações de simetria; é claro que nessas hipóteses são fundamentais a **experiência** e o **bom senso** de quem vai atribuir as probabilidades aos eventos elementares. Nenhuma pessoa de bom senso diria que a probabilidade de observarmos uma bola vermelha é igual à de observarmos uma bola branca, quando extraímos uma bola de uma urna contendo 9 bolas vermelhas e uma branca. Por outro lado, se faltam hipóteses para uma conveniente escolha de uma distribuição, recorre-se então à experimentação para avaliar os p_i's através da frequência relativa.

90. Exemplos:

1º) Uma moeda é lançada e é observada a face de cima.

Temos:

$\Omega = \{K, C\}$
$\quad\quad\;\; \uparrow \;\; \uparrow$
$\quad\quad\;\; p_1 \;\, p_2$

Uma distribuição razoável para Ω seria: $p_1 = p_2 = \frac{1}{2}$.

Isso significa que admitimos que a frequência relativa de caras e de coroas é próxima de $\frac{1}{2}$ quando a moeda é lançada muitas vezes.

Experiências históricas foram feitas por Buffon, que lançou uma moeda 4 048 vezes e observou o resultado cara 2 048 vezes (frequência relativa de caras: $\frac{2\,048}{4\,048} = 0{,}5059$).

2º) Um dado é lançado e é observado o número da face de cima.

Temos:

$\Omega = \{1, \;\, 2, \;\, 3, \;\, 4, \;\, 5, \;\, 6\}$
$\quad\quad\;\; \uparrow \;\; \uparrow \;\; \uparrow \;\; \uparrow \;\; \uparrow \;\; \uparrow$
$\quad\quad\;\; p_1 \;\, p_2 \;\, p_3 \;\, p_4 \;\, p_5 \;\, p_6$

Uma atribuição razoável para p_1, p_2, p_3, p_4, p_5 e p_6 (por razões de simetria) é:

$$p_1 = p_2 = p_3 = p_4 = p_5 = p_6 = \frac{1}{6}$$

Nesse caso, a probabilidade de ocorrência de um número ímpar ($A = \{1, 3, 5\}$) será:

$$P(A) = p_1 + p_3 + p_5 = \frac{3}{6} = \frac{1}{2}$$

3º) Seja $\Omega = \{a_1, a_2, a_3, a_4\}$.

Se $p_4 = 4p_1$, $p_3 = 3p_1$ e $p_2 = 2p_1$, qual a probabilidade do evento $A = \{a_1, a_4\}$?

Temos:
$$p_1 + p_2 + p_3 + p_4 = 1$$
$$p_1 + 2p_1 + 3p_1 + 4p_1 = 1$$
$$10p_1 = 1 \Rightarrow p_1 = \frac{1}{10}$$

Logo: $p_2 = \frac{2}{10}$, $p_3 = \frac{3}{10}$ e $p_4 = \frac{4}{10}$.

Portanto, $P(A) = p_1 + p_4 = \frac{1}{10} + \frac{4}{10} = \frac{1}{2}$.

VII. Teoremas sobre probabilidades em espaço amostral finito

91. Teorema 1

"A probabilidade do evento certo é 1."

Demonstração:

De fato, o evento certo é $\Omega = \{a_1, a_2, ..., a_k\}$ e por definição:
$$P(\Omega) = p_1 + p_2 + ... + p_k = 1.$$

92. Teorema 2

"Se $A \subset B$, então $P(A) \leq P(B)$."

Demonstração:

1) Se A = B, por definição P(A) = P(B) e portanto P(A) ≤ P(B).
2) Se A ⊂ B.

   Sejam $A = \{a_1, a_2, ..., a_r\}$ e $B = \{a_1, a_2, ..., a_r, a_{r+1}, ..., a_{r+q}\}$.
   Então:

$P(A) = p_1 + p_2 + ... + p_r$
$P(B) = p_1 + p_2 + ... + p_r + p_{r+1} + ... + p_{r+q}$

   Como:

$p_1, p_2, ..., p_r, ..., p_{r+q}$ são todos não negativos, decorre que:
$P(A) \leq P(B)$

   No caso particular de $A = \emptyset$, temos P(A) = 0 e P(B) ≥ 0, e portanto P(A) ≤ P(B).

93. Teorema 3

"Se A é um evento, então $0 \leq P(A) \leq 1$."

Demonstração:

$\emptyset \subset A \subset \Omega$

Logo, pelo teorema 2:

$P(\emptyset) \leq P(A) \leq P(\Omega)$ e portanto $0 \leq P(A) \leq 1$.

94. Teorema 4

"Se A e B são eventos, então $P(A \cup B) = P(A) + P(B) - P(A \cap B)$."

Demonstração:

$$P(A \cup B) = \sum_{a_j \in A \cup B} p_j$$

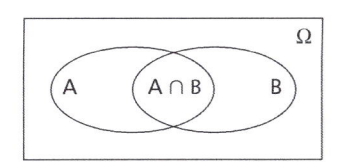

Por outro lado, $P(A) = \sum_{a_j \in A} p_j$ e $P(B) = \sum_{a_j \in B} p_j$.

PROBABILIDADE

Ora, quando somamos P(A) + P(B) as probabilidades dos eventos elementares contidos em A ∩ B são computadas duas vezes (uma, por estarem em A e outra, por estarem em B).

Portanto P(A) + P(B) − P(A ∩ B) é a soma das probabilidades dos eventos elementares contidos em A ∪ B, logo:

P(A ∪ B) = P(A) + P(B) − P(A ∩ B)

95. Observações:

a) Em particular, se A e B são mutuamente exclusivos (A ∩ B = ∅), então P(A ∪ B) = P(A) + P(B) − P(∅) = P(A) + P(B).

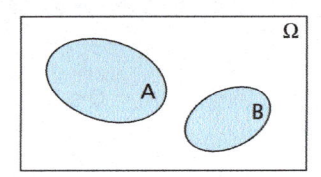

b) O resultado anterior pode ser generalizado para n eventos A_1, A_2, ..., A_n mutuamente exclusivos dois a dois, da seguinte forma:

P(A_1 ∪ A_2 ∪ ... ∪ A_n) = P(A_1) + P(A_2) + ... + P(A_n)

96. Teorema 5

"Se A é um evento, então $P(A^C) = 1 - P(A)$."

Demonstração:

Como $A \cap A^C = \emptyset$ e $A \cup A^C = \Omega$ decorre pelo teorema 4 que $P(A \cup A^C) = P(A) + P(A^C)$.

Logo:
$1 = P(A) + P(A^C) \Rightarrow P(A^C) = 1 - P(A)$

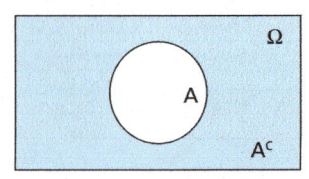

97. Exemplo de aplicação dos teoremas

Uma urna contém 100 bolinhas numeradas, de 1 a 100. Uma bolinha é escolhida e observado seu número. Admitindo probabilidades iguais a $\frac{1}{100}$ para todos os eventos elementares, qual a probabilidade de:

a) observarmos um múltiplo de 6 e de 8 simultaneamente?
b) observarmos um múltiplo de 6 ou de 8?
c) observarmos um número não múltiplo de 5?

Temos:
$\Omega = \{1, 2, 3, ..., 99, 100\}$

a) Um múltiplo de 6 e 8 simultaneamente terá que ser múltiplo de 24; portanto, o evento que nos interessa é: A = {24, 48, 72, 96}.

$P(A) = \dfrac{1}{100} + \dfrac{1}{100} + \dfrac{1}{100} + \dfrac{1}{100} = \dfrac{4}{100} = \dfrac{1}{25}$

b) Sejam os eventos:
B: o número é múltiplo de 6.   C: o número é múltiplo de 8.

O evento que nos interessa é $B \cup C$, então:

B = {6, 12, 18, 24, 30, 36, 42, 48, 54, 60, 66, 72, 78, 84, 90, 96}

e $P(B) = \dfrac{16}{100} = \dfrac{4}{25}$.

C = {8, 16, 24, 32, 40, 48, 56, 64, 72, 80, 88, 96}

e $P(C) = \dfrac{12}{100} = \dfrac{3}{25}$.

Portanto: $P(B \cup C) = P(B) + P(C) - P(B \cap C)$.

Ora, $B \cap C$ nada mais é do que o evento A (do item a).

Logo, $P(B \cap C) = \dfrac{1}{25}$.

Segue-se então que: $P(B \cup C) = \dfrac{4}{25} + \dfrac{3}{25} - \dfrac{1}{25} = \dfrac{6}{25}$.

c) Seja D o evento, o número é múltiplo de 5.

Temos:

D = {5, 10, 15, 20, 25, 30, 35, 40, 45, 50, 55, 60, 65, 70, 75, 80, 85, 90, 95, 100}

$P(D) = \dfrac{20}{100} = \dfrac{1}{5}$

O evento que nos interessa é D^C. Logo, $P(D^C) = 1 - P(D) = 1 - \dfrac{1}{5} = \dfrac{4}{5}$.

EXERCÍCIOS

355. Numa urna existem duas bolas vermelhas e seis brancas. Sorteando-se uma bola, qual a probabilidade de ela ser vermelha?

356. Numa cidade com 1000 eleitores vai haver uma eleição com dois candidatos, A e B. É feita uma prévia em que os 1000 eleitores são consultados, sendo que 510 já se decidiram, definitivamente, por A. Qual é a probabilidade de que A ganhe a eleição?

357. Considere o espaço amostral $\Omega = \{a_1, a_2, a_3, a_4\}$ e a distribuição de probabilidades, tal que: $p_1 = p_2 = p_3$ e $p_4 = 0,1$. Calcule:
a) p_1, p_2 e p_3.
b) Seja A o evento $A = \{a_1, a_3\}$. Calcule P(A).
c) Calcule $P(A^C)$.
d) Seja B o evento $B = \{a_1, a_4\}$. Calcule P(B).
e) Calcule $P(A \cup B)$ e $P(A \cap B)$.
f) Calcule $P[(A \cup B)^C]$ e $P[(A \cap B)^C]$.

358. Seja $\Omega = \{K, C\}$ o espaço amostral do lançamento de uma moeda. É correta a distribuição de probabilidades $P(K) = 0,1$, $P(C) = 0,9$?
(Lance uma moeda 100 vezes, calcule a frequência relativa do evento cara e verifique se essa distribuição é compatível com a realidade.)

359. Uma moeda é viciada de tal modo que sair cara é duas vezes mais provável do que sair coroa. Calcule a probabilidade de:
a) ocorrer cara no lançamento dessa moeda;
b) ocorrer coroa no lançamento dessa moeda.

360. Temos duas moedas, das quais uma é perfeita e a outra tem duas caras. Uma das moedas, tomada ao acaso, é lançada. Qual é a probabilidade de se obter cara?

361. Um dado é viciado, de modo que a probabilidade de observarmos um número na face de cima é proporcional a esse número. Calcule a probabilidade de:
a) ocorrer número par;
b) ocorrer número maior ou igual a 5.

Solução

$\Omega = \{1, 2, 3, 4, 5, 6\}$

Temos:

$p_2 = 2p_1$
$p_3 = 3p_1$
$p_4 = 4p_1$
$p_5 = 5p_1$
$p_6 = 6p_1$

Porém, $p_1 + p_2 + p_3 + p_4 + p_5 + p_6 = 1$.

Logo, $p_1 + 2p_1 + 3p_1 + 4p_1 + 5p_1 + 6p_1 = 1 \Rightarrow 21p_1 = 1 \Rightarrow p_1 = \dfrac{1}{21}$.

a) O evento que nos interessa é A = {2, 4, 6}.

$P(A) = p_2 + p_4 + p_6 = 2 \cdot \dfrac{1}{21} + 4 \cdot \dfrac{1}{21} + 6 \cdot \dfrac{1}{21} = \dfrac{12}{21} = \dfrac{4}{7}$

b) O evento que nos interessa é B = {5, 6}.

$P(B) = p_5 + p_6 = 5 \cdot \dfrac{1}{21} + 6 \cdot \dfrac{1}{21} = \dfrac{11}{21}$

362. Um dado é viciado de modo que a probabilidade de observarmos qualquer número par é a mesma, é a de observarmos qualquer número ímpar é também a mesma. Porém um número par é três vezes mais provável de ocorrer do que um número ímpar. Lançando-se esse dado, qual a probabilidade de:
a) ocorrer um número primo?
b) ocorrer um múltiplo de 3?
c) ocorrer um número menor ou igual a 3?

363. Seja o espaço amostral $\Omega = \{a_1, a_2, ... , a_{10}\}$ e considere a distribuição de probabilidades:

$p_i = p(\{a_i\}) = K \cdot i \;\; \forall i \in \{1, 2, 3, ..., 10\}$

a) Calcule K.
b) Calcule p_3 e p_7.
c) Seja o evento A = $\{a_1, a_2, a_4, a_6\}$. Calcule P(A).
d) Calcule $P(A^C)$.

364. Seja o espaço amostral:

$\Omega = \{0, 1, 2, ..., 10\}$

e considere a distribuição de probabilidades:

$p_i = p(\{i\}) = \dbinom{10}{i}(0{,}6)^i \cdot (0{,}4)^{10-i} \;\; \forall i \in \{0, 1, 2, ..., 10\}$

a) Mostre que $\sum_{i=0}^{10} p_i = 1$.

b) Calcule p_3.

c) Seja o evento $A = \{0, 1, 2\}$. Calcule $P(A)$ e $P(A^C)$.

365. Se A e B são eventos quaisquer Ω, prove que $P(A \cup B) \leq P(A) + P(B)$.

366. Se A e B são eventos de Ω, prove que:
$P(A \cap B) \leq P(A) \leq P(A \cup B) \leq P(A) + P(B)$

367. Se A e B são eventos tais que: $P(A) = 0{,}2$, $P(B) = 0{,}3$ e $P(A \cap B) = 0{,}1$, calcule:
a) $P(A \cup B)$
b) $P(A^C)$
c) $P(B^C)$

368. Se A, B e C são eventos de Ω, prove que:
$P(A \cup B \cup C) = P(A) + P(B) + P(C) - P(A \cap B) - P(A \cap C) - P(B \cap C) + P(A \cap B \cap C)$

369. Se A, B e C são eventos tais que:
$P(A) = 0{,}4$, $P(B) = 0{,}3$, $P(C) = 0{,}6$, $P(A \cap B) = P(A \cap C) = P(B \cap C) = 0{,}2$ e
$P(A \cap B \cap C) = 0{,}1$
calcule:
a) $P(A \cup B)$
b) $P(A \cup C)$
c) $P(A \cup B \cup C)$

VIII. Espaços amostrais equiprováveis

98. Seja $\Omega = \{a_1, a_2, ..., a_k\}$. Diremos que uma distribuição de probabilidades sobre Ω é **equiprovável**, se $p_1 = p_2 = ... = p_k$, isto é, se **todos os eventos elementares de Ω tiverem a mesma probabilidade**. Em geral, as características do experimento é que nos levam a supor uma distribuição equiprovável.

99. Exemplo:

De um baralho de 52 cartas, uma delas é escolhida.
Seja: $\Omega = \{2c, 2o, 2e, 2p, 3c, 3o, 3e, 3p, ..., Ac, Ao, Ae, Ap\}$
Os índices c, o, e, p indicam, respectivamente, naipe de copas, ouros, espadas e paus.

É razoável supor que cada evento elementar tenha a mesma probabilidade. Como temos 52 elementos em Ω, então a probabilidade de qualquer evento elementar é:

$p = \dfrac{1}{52}$

Seja o evento A: a carta é de copas.

Então: $A = \{2c, 3c, 4c, ..., Kc, Ac\}$.

Como $\#A = 13 \quad P(A) = \dfrac{1}{52} + \dfrac{1}{52} + ... + \dfrac{1}{52} = \dfrac{13}{52} = \dfrac{1}{4}$.

Seja o evento B: a carta é um rei.

Então: $B = \{Kc, Ko, Ke, Kp\}$

$P(B) = \dfrac{1}{52} + \dfrac{1}{52} + \dfrac{1}{52} + \dfrac{1}{52} = \dfrac{4}{52} = \dfrac{1}{13}$

Seja o evento C: a carta é um rei de copas.

Então: $C = \{K_c\}$

$P(C) = \dfrac{1}{52}$.

IX. Probabilidade de um evento num espaço equiprovável

100. Seja $\Omega = \{a_1, a_2, ..., a_k\}$ é uma distribuição equiprovável $p_i = \dfrac{1}{K}$, $\forall i \in \{1, 2, ..., K\}$.

Seja A um evento, tal que:

$A = \{a_1, a_2, ..., a_r\}$

$P(A) = p_1 + p_2 + ... + p_r = \underbrace{\dfrac{1}{K} + \dfrac{1}{K} + ... + \dfrac{1}{K}}_{r \text{ vezes}}$

$P(A) = \dfrac{r}{K}$, isto é, num espaço Ω, com distribuição equiprovável.

$$\boxed{P(A) = \dfrac{r}{K} = \dfrac{\#A}{\#\Omega}}$$

PROBABILIDADE

101. Observação:

Dado um conjunto com N elementos, *escolher ao acaso n* elementos desse conjunto significa que cada subconjunto (ordenado ou não) de *n* elementos tem a mesma probabilidade de ser escolhido.

102. Exemplo:

De um baralho de 52 cartas, duas são extraídas ao acaso, sem reposição. Qual a probabilidade de ambas serem de copas?
Temos:
Cada par de cartas possíveis de serem extraídas pode ser considerado como uma combinação das 52 cartas tomadas duas a duas. Isto é,

$$\Omega = \{(2_c, 2_e), (2_c, 2_p), ..., (5_c, 7_e), ..., (A_e, A_p)\}$$

e nesse caso $\#\Omega = \binom{52}{2} = \frac{52 \cdot 51}{2} = 1326$.

A é o evento (subconjunto) formado pelas combinações de cartas de copas, isto é:

$$A = \{(2_c, 3_c), (2_c, 4_c), ..., (K_c, A_c)\}$$

e nesse caso $\#A = \binom{13}{2} = \frac{13 \cdot 12}{2} = 78$.

Logo, $P(A) = \frac{78}{1\,326} = \frac{39}{663} = \frac{1}{17}$.

Poderíamos ter resolvido o problema, considerando Ω como sendo formado por arranjos, ao invés de combinações, isto é:

$$\Omega = \{(2_c, 2_p); (2_p, 2_c); ...; (6_p, 3_c); (3_c, 6_p); ...; (A_c, A_p)\}$$

e $\#\Omega = A_{52, 2} = 52 \cdot 51 = 2\,652$

e o evento A seria formado pelos arranjos de duas cartas de copas, isto é:

$$A = \{(2_c, 3_c), (3_c, 2_c), ..., (K_c, A_c), (A_c, K_c)\}$$

e $\#A = A_{13, 2} = 13 \cdot 12 = 156$.

Portanto:

$P(A) = \frac{156}{2\,652} = \frac{1}{17}$.

Isto é, Ω pode ser descrito como conjunto de arranjos ou de combinações, que a probabilidade do evento será a mesma. No entanto, é importante observar que, se o for formado por combinações, A também terá que ser (pois A ⊂ Ω), bem como, se for o formado por arranjos, A também o será.

Em muitos problemas de probabilidades ocorre esse fato, isto é, a escolha do espaço amostral é facultativa. Entretanto, em outros problemas, como veremos, isso não será possível.

EXERCÍCIOS

370. De um baralho de 52 cartas, uma é extraída ao acaso. Qual a probabilidade de cada um dos eventos abaixo?

a) Ocorrer dama de copas.

b) Ocorrer dama.

c) Ocorrer carta de naipe paus.

d) Ocorrer dama ou rei ou valete.

e) Ocorrer uma carta que não é um rei.

371. Um número é escolhido ao acaso entre os 20 inteiros, de 1 a 20. Qual a probabilidade de o número escolhido:

a) ser par?

b) ser ímpar?

c) ser primo?

d) ser quadrado perfeito?

372. Um número é escolhido ao acaso entre os 100 inteiros, de 1 a 100. Qual a probabilidade de o número:

a) ser múltiplo de 9?

b) ser múltiplo de 3 e de 4?

c) ser múltiplo de 3 ou de 4?

373. Uma urna contém 20 bolas numeradas de 1 a 20. Seja o experimento a retirada de uma bola, e considere os eventos:

A = {a bola retirada possui um número múltiplo de 2}

B = {a bola retirada possui um número múltiplo de 5}

Determine a probabilidade do evento A ∪ B.

374. Os coeficientes a e b da equação $ax = b$ são escolhidos ao acaso entre os pares ordenados do produto cartesiano A × A, sendo A = {1, 2, 3, 4}, sendo a o 1º elemento do par e b o 2º. Qual a probabilidade de a equação ter raízes inteiras?

PROBABILIDADE

375. Uma urna contém 3 bolas brancas, 2 vermelhas e 5 azuis. Uma bola é escolhida ao acaso na urna. Qual a probabilidade de a bola escolhida ser:

a) branca?   b) vermelha?   c) azul?

Solução

Sejam:
B_1, B_2, B_3 as bolas brancas
V_1, V_2 as bolas vermelhas
A_1, A_2, A_3, A_4, A_5 as bolas azuis.

Um espaço amostral para o experimento é:
$\Omega = \{B_1, B_2, B_3, V_1, V_2, A_1, A_2, A_3, A_4, A_5\}$, #$\Omega = 10$

a) Seja o evento A: a bola extraída é branca. Então:
$A = \{B_1, B_2, B_3\}$, #$A = 3$, logo

$P(A) = \dfrac{3}{10}$.

b) Seja o evento B: a bola extraída é vermelha. Então:
$B = \{V_1, V_2\}$, #$B = 2$, logo

$P(B) = \dfrac{2}{10} = \dfrac{1}{5}$.

c) Seja o evento C: a bola extraída é azul. Então:
$C = \{A_1, A_2, A_3, A_4, A_5\}$, #$C = 5$, logo

$P(C) = \dfrac{5}{10} = \dfrac{1}{2}$.

---

376. Uma urna contém 6 bolas pretas, 2 bolas brancas e 10 amarelas. Uma bola é escolhida ao acaso. Qual a probabilidade de:

a) a bola não ser amarela?
b) a bola ser branca ou preta?
c) a bola não ser branca nem amarela?

377. Dois dados, um verde e um vermelho, são lançados e observados os números das faces de cima.

a) Qual a probabilidade de ocorrerem números iguais?
b) Qual a probabilidade de ocorrerem números diferentes?
c) Qual a probabilidade de a soma dos números ser 7?
d) Qual a probabilidade de a soma dos números ser 12?
e) Qual a probabilidade de a soma dos números ser menor ou igual a 12?
f) Qual a probabilidade de aparecer número 3 em ao menos um dado?

PROBABILIDADE

378. Jogando 3 dados (ou um dado 3 vezes), qual a probabilidade de se obter soma menor ou igual a 4?

379. Um dado especial, em forma de icosaedro, tem suas faces numeradas da seguinte forma: duas das faces têm o número zero; as 18 restantes têm os números −9, −8, −7, ..., −1, 1, 2, ..., 9. Qual é a probabilidade de que, lançando dois destes dados, tenhamos uma soma do número de pontos igual a 2?

380. Dois indivíduos, A e B, vão jogar cara ou coroa com uma moeda "honesta". Eles combinam lançar a moeda 5 vezes, e ganha o jogo aquele que ganhar em 3 ou mais lançamentos. Cada um aposta R$ 2800,00. Feitos os dois primeiros lançamentos, em ambos os quais A vence, eles resolvem encerrar o jogo. Do ponto de vista probabilístico, de que forma devem ser repartidos os R$ 5600,00?

381. Um indivíduo retrógrado guarda seu dinheiro em um açucareiro. Este contém 2 notas de R$ 50,00, 3 de R$ 20,00, 4 de R$ 10,00, 5 de R$ 5,00 e 8 de R$ 2,00. Se o indivíduo retira do açucareiro duas notas simultaneamente e ao acaso, qual é a probabilidade de que ambas sejam de R$ 5,00?

382. Numa cidade, 30% dos homens são casados, 40% são solteiros, 20% são desquitados e 10% são viúvos. Um homem é escolhido ao acaso.
a) Qual a probabilidade de ele ser solteiro?
b) Qual a probabilidade de ele não ser casado?
c) Qual a probabilidade de ele ser solteiro ou desquitado?

383. Em uma sala existem 5 crianças: uma brasileira, uma italiana, uma japonesa, uma inglesa e uma francesa. Em uma urna existem 5 bandeiras correspondentes aos países de origem dessas crianças: Brasil, Itália, Japão, Inglaterra e França. Uma criança e uma bandeira são selecionadas ao acaso, respectivamente, da sala e da urna. Determine a probabilidade de a criança sorteada não receber a sua bandeira.

384. Em um grupo de 500 estudantes, 80 estudam Engenharia, 150 estudam Economia e 10 estudam Engenharia e Economia. Se um aluno e escolhido ao acaso, qual a probabilidade de que:
a) ele estude Economia e Engenharia?
b) ele estude somente Engenharia?
c) ele estude somente Economia?
d) ele não estude Engenharia nem Economia?
e) ele estude Engenharia ou Economia?

Solução
Sejam os eventos:
A: o aluno estuda Engenharia.
B: o aluno estuda Economia.
O diagrama ao lado permite responder facilmente às perguntas.

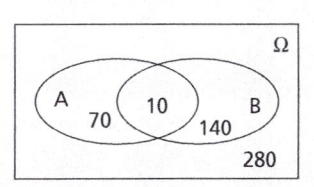

PROBABILIDADE

É fácil perceber que 280 alunos não estudam Engenharia nem Economia: (500 − 70 − 10 − 140 = 280).

a) $\dfrac{10}{500} = \dfrac{1}{50}$

b) $\dfrac{70}{500} = \dfrac{7}{50}$

c) $\dfrac{140}{500} = \dfrac{7}{25}$

d) $\dfrac{280}{500} = \dfrac{14}{25}$

e) $\dfrac{220}{500} = \dfrac{11}{25}$

385. De um grupo de 200 pessoas, 160 têm fator Rh positivo, 100 têm sangue tipo O e 80 têm fator Rh positivo e sangue tipo O. Se uma dessas pessoas for selecionada ao acaso, qual a probabilidade de:
a) seu sangue ter fator Rh positivo?
b) seu sangue não ser tipo O?
c) seu sangue ter fator Rh positivo ou ser tipo O?

386. Uma cidade tem 50 000 habitantes e 3 jornais, A, B, C. Sabe-se que:
15 000 leem o jornal A
10 000 leem o jornal B
8 000 leem o jornal C
6 000 leem os jornais A e B
4 000 leem os jornais A e C
3 000 leem os jornais B e C
1 000 leem os três jornais.
Uma pessoa é selecionada ao acaso. Qual a probabilidade de que:
a) ela leia pelo menos um jornal?   b) ela leia só um jornal?

387. Um colégio tem 1 000 alunos. Destes:
200 estudam Matemática
180 estudam Física
200 estudam Química
20 estudam Matemática, Física e Química
50 estudam Física e Química
70 estudam somente Química
50 estudam Matemática e Física.
Um aluno do colégio é escolhido ao acaso. Qual a probabilidade de:
a) ele estudar só Matemática?
b) ele estudar só Física?
c) ele estudar Matemática e Química?

388. Uma moeda é lançada 3 vezes. Qual a probabilidade de:
    a) observarmos três coroas?
    b) observarmos exatamente uma coroa?
    c) observarmos pelo menos uma cara?
    d) não observarmos nenhuma coroa?
    e) observarmos no máximo duas caras?

389. Lançando 4 vezes uma moeda "honesta", qual é a probabilidade de que ocorra cara exatamente 3 vezes?

390. Tirando, ao acaso, 5 cartas de um baralho de 52 cartas, qual é a probabilidade de saírem exatamente 3 valetes?

391. Com os dígitos 1, 2, 3, 4, 5 são formados números de 4 algarismos distintos. Um deles é escolhido ao acaso. Qual a probabilidade de ele ser:
    a) par? b) ímpar?

    Solução
    Seja Ω o conjunto dos números de 4 algarismos distintos formados com os dígitos 1, 2, 3, 4, 5. Então:
    $\#\Omega = A_{5,4} = \dfrac{5!}{1!} = 120.$

    a) Seja B o evento, o número escolhido é par. Então:
    $\_\_\_2 \quad A_{4,3} = 24$
    $\_\_\_4 \quad A_{4,3} = 24$
    $\#B = 24 + 24 = 48.$ Logo: $P(B) = \dfrac{48}{120} = \dfrac{2}{5}.$

    b) Seja C o evento, o número é ímpar. Como $C = B^C$, decorre que:
    $P(C) = 1 - P(B) = 1 - \dfrac{2}{5} = \dfrac{3}{5}.$

392. Em uma urna existem 6 bolinhas numeradas de 1 a 6. Uma a uma elas são extraídas, sem reposição. Qual a probabilidade de que a sequência de números observados seja crescente?

393. Uma urna contém bolas numeradas de 1 a 9. Sorteiam-se, com reposição, duas bolas. Qual é a probabilidade de que o número da segunda bola seja estritamente maior do que o da primeira?

394. Numa urna são depositadas n etiquetas numeradas de 1 a n. Três etiquetas são sorteadas (sem reposição). Qual a probabilidade de que os números sorteados sejam consecutivos?

PROBABILIDADE

395. Oito pessoas (entre elas Pedro e Sílvia) são dispostas ao acaso em uma fila. Qual a probabilidade de:

a) Pedro e Sílvia ficarem juntos?   b) Pedro e Sílvia ficarem separados?

396. Nove livros são colocados ao caso numa estante. Qual a probabilidade de que 3 livros determinados fiquem juntos?

397. Uma loteria consta de 1000 números de 1 a 1000. Dez números são sorteados ao acaso, sem reposição, e ao 1º número sorteado corresponde o 1º prêmio, ao 2º número sorteado, o 2º prêmio, e assim por diante, até o 10º número sorteado. Se uma pessoa é portadora do bilhete nº 341, qual a probabilidade de ela ganhar:

a) o 1º prêmio?   b) o 4º prêmio?   c) o 10º prêmio?

398. Uma moeda é lançada 10 vezes. Qual a probabilidade de observarmos 5 caras e 5 coroas?

399. Um adivinho diz ser capaz de ler o pensamento de outra pessoa. É feita a seguinte experiência: seis cartas (numeradas de 1 a 6) são dadas à pessoa, que concentra sua atenção em duas delas. O adivinho terá que descobrir essas duas cartas. Se o adivinho estiver apenas "chutando", qual a probabilidade de ele acertar as duas cartas nas quais a outra pessoa concentra a atenção?

400. (Problema clássico do aniversário.)

Em um grupo de *n* pessoas, qual a probabilidade de que pelo menos duas façam aniversário no mesmo dia? (Supondo que nenhuma tenha nascido em ano bissexto.)

Solução

Sejam os eventos:

A: pelo menos duas entre as *n* pessoas fazem aniversário no mesmo dia.

A^C: todas as *n* pessoas fazem aniversário em dias distintos.

Cada data de aniversário pode ser considerada como um número entre 1 e 365 (inclusive). Logo, o espaço amostral é constituído de todas as ênuplas ordenadas em que cada elemento pode ser um inteiro de 1 a 365 (inclusive).

Logo, pelo **princípio fundamental da contagem**:

$\#\Omega = 365^n$.

O evento A^C consiste em todas as ênuplas ordenadas, de **elementos distintos**, em que cada elemento pode ser inteiro de 1 a 365. Logo,

$\#A^C = A_{365, n} = 365 \cdot 364 \cdot 363 \cdot ... \cdot (365 - n + 1)$.

Logo, $P(A^C) = \dfrac{\#A^C}{\#\Omega} = \dfrac{365 \cdot 364 \cdot 363 \cdot ... \cdot (365 - n + 1)}{365^n}$.

Portanto, $P(A) = 1 - P(A^C) = 1 - \dfrac{365 \cdot 364 \cdot 363 \cdot \ldots \cdot (365 - n + 1)}{365^n}$.

Eis os valores de P(A) para alguns valores de n.

n = 20, P(A) = 0,41

n = 40, P(A) = 0,89

n = 50, P(A) = 0,97 (quase certeza).

401. Uma urna contém seis bolinhas numeradas de 1 a 6. Quatro bolinhas são extraídas ao acaso sucessivamente, com reposição. Qual a probabilidade de que todas assinalem números diferentes?

402. Cinco algarismos são escolhidos ao acaso, com reposição, entre os algarismos 0, 1, 2, 3, 4, 5, 6, 7, 8, 9. Qual a probabilidade de os cinco algarismos serem difrentes?

403. Uma urna contém 5 bolas vermelhas e 3 brancas. Duas bolas são extraídas ao acaso, com reposição, qual a probabilidade de:

a) ambas serem vermelhas?   b) ambas serem brancas?

404. Uma urna contém 5 bolas vermelhas, 3 brancas e 2 pretas. Duas bolas são extraídas ao acaso, e com reposição. Qual a probabilidade de:

a) ambas serem vermelhas?   c) nenhuma ser preta?

b) nenhuma ser branca?

405. De um baralho de 52 cartas, três são extraídas sucessivamente ao acaso, sem reposição. Qual a probabilidade de que as cartas sejam de "paus"?

406. De um baralho de 52 cartas, duas são extraídas ao acaso e sem reposição. Qual a probabilidade de observarmos:

a) dois ases?   b) um ás e um rei (sem levar em conta a ordem)?

407. Uma urna contém 5 bolas vermelhas e 7 brancas. Duas bolas são extraídas sucessivamente ao acaso e sem reposição. Qual a probabilidade de:

a) ambas serem brancas?

b) ambas serem vermelhas?

c) uma vermelha, outra branca (sem levar em conta a ordem)?

408. De um lote de 200 peças, sendo 180 boas e 20 defeituosas, 10 peças são selecionadas ao acaso, sem reposição. Qual a probabilidade de:

a) as 10 peças serem boas?

b) as 10 peças serem defeituosas?

c) 5 peças serem boas e 5 serem defeituosas?

PROBABILIDADE

409. Um lote contém 60 lâmpadas, sendo 50 boas e 10 defeituosas. 5 lâmpadas são escolhidas ao acaso, sem reposição. Qual a probabilidade de:
a) todas serem boas?
b) todas serem defeituosas?
c) 2 serem boas e 3 defeituosas?
d) pelo menos uma ser defeituosa?

410. Numa gaveta há 10 pares distintos de meias, mas ambos os pés de um dos pares estão rasgados. Tirando da gaveta um pé de meia por vez, ao acaso, qual a probabilidade de sairem dois pés de meia do mesmo par, não rasgados, fazendo duas retiradas?

411. Em uma loja existem 100 camisas, sendo 80 da marca A. Se 5 camisas forem escolhidas ao acaso, sem reposição, qual a probabilidade de 4 serem da marca A?

412. De um baralho de 52 cartas, 5 são extraídas ao acaso, sem reposição. Qual a probabilidade de:
a) saírem os 4 reis?
b) não sair nenhum rei?
c) sair ao menos um rei?

413. De um baralho de 52 cartas, duas são extraídas ao acaso e sem reposição. Qual a probabilidade de que pelo menos uma seja de copas?

414. De um grupo de 10 pessoas, entre elas Regina, cinco são escolhidas ao acaso e sem reposição. Qual a probabilidade de que Regina compareça entre as cinco?

415. De 100 000 declarações de imposto de renda (entre as quais a do sr. K) que chegam a um órgao fiscal, 10 000 são escolhidas ao acaso e analisadas detalhadamente. Qual a probabilidade de a declaração do sr. K ser analisada detalhadamente?

416. Entre 100 pessoas, uma única é portadora de uma moléstia. 10 pessoas entre as 100 são escolhidas ao acaso. Qual a probabilidade de a pessoa portadora da moléstia estar entre as 10?

417. Um grupo é constituído de 6 homens e 4 mulheres. Três pessoas são selecionadas ao acaso, sem reposição. Qual a probabilidade de que ao menos duas sejam homens?

> **Solução**
> Consideremos o espaço amostral Ω constituído de todas as combinações das 10 pessoas, tomadas 3 a 3. Logo,
> $$\#\Omega = \binom{10}{3} = 120.$$

O evento A que nos interessa é formado por todas as combinações de Ω, tais que em cada uma existem dois ou três homens. Isto é:

$$\#A = \binom{6}{2} \cdot \binom{4}{1} + \binom{6}{3} = 80$$

Logo $P(A) = \dfrac{80}{120} = \dfrac{2}{3}$.

418. Entre 10 meninas, 4 têm olhos azuis. Três meninas são escolhidas ao acaso, sem reposição. Qual a probabilidade de pelo menos duas terem olhos azuis?

419. Uma urna contém 4 bolas brancas, 2 vermelhas e 3 azuis. Cinco bolas são selecionadas ao acaso, sem reposição. Qual a probabilidade de que 2 sejam brancas, uma vermelha e 2 azuis?

420. De um baralho de 52 cartas, 3 são extraídas ao acaso, sem reposição. Qual a probabilidade de que as 3 sejam do mesmo naipe?

Solução
Seja o espaço amostral Ω constituído das combinações 52 cartas tomadas 3 a 3. Então:

$$\#\Omega = \binom{52}{3} = 22\,100$$

O evento A que nos interessa é formado por todas as combinações de Ω, nas quais as 3 cartas são do mesmo naipe. Logo,

$$\#A = 4 \cdot \binom{13}{3} = 1\,144.$$

Portanto, $P(A) = \dfrac{1\,144}{22\,100} = \dfrac{22}{425}$.

421. De um baralho de 52 cartas, duas são selecionadas ao acaso e sem reposição. Qual a probabilidade de que seus naipes sejam diferentes?

422. De um baralho de 52 cartas, duas são escolhidas ao acaso e sem reposição. Qual a probabilidade de observarmos dois reis ou duas cartas de copas?

423. Um grupo é constituído de 10 pessoas, entre elas Jonas e César. O grupo é disposto ao acaso em uma fila. Qual a probabilidade de que haja exatamente 4 pessoas entre Jonas e César?

424. Um homem encontra-se na origem de um sistema cartesiano ortogonal. Ele só pode andar uma unidade de cada vez; para cima ou para a direita. Se ele andar 10 unidades, qual a probabilidade de chegar no ponto $P(7, 3)$?

X. Probabilidade condicional

103. Seja Ω um espaço amostral e consideremos dois eventos, A e B. Com o símbolo P(A|B) indicamos a probabilidade do evento A, dado que o evento B ocorreu, isto é, P(A|B) é a **probabilidade condicional do evento A, uma vez que B tenha ocorrido.** Quando calculamos P(A|B), tudo se passa como se B fosse o novo espaço amostral "reduzido" dentro do qual queremos calcular a probabilidade de A.

104. Exemplos:

1º) Consideremos o lançamento de um dado e observação da face de cima.

$\Omega = \{1, 2, 3, 4, 5, 6\}$

Sejam os eventos:

A: Ocorre um número ímpar

B: ocorre um número maior ou igual a 2

$B = \{2, 3, 4, 5, 6\}$

P(A|B) será então a probabilidade de ocorrer número ímpar no novo espaço amostral reduzido.

$B = \{2, 3, 4, 5, 6\}$

Atribuindo $\frac{1}{5}$ para a probabilidade de cada evento elementar de B, a probabilidade de ocorrer o evento número ímpar no espaço amostral "reduzido" será {3, 5} e portanto:

$P(A \mid B) = \frac{1}{5} + \frac{1}{5} = \frac{2}{5}$.

2º) Numa cidade, 400 pessoas foram classificadas, segundo sexo e estado civil, de acordo com a tabela:

sexo \ estado civil	solteiro (S)	casado (C)	desquitado (D)	viúvo (V)	total
masculino (M)	50	60	40	30	180
feminino (F)	150	40	10	20	220
total	200	100	50	50	400

Uma pessoa é escolhida ao acaso. Sejam os eventos:
S: a pessoa é solteira,
M: a pessoa é do sexo masculino.

P(S|M) significa a probabilidade de a pessoa ser solteira, no novo espaço amostral reduzido das 180 pessoas do sexo masculino. Ora, como existem 50 solteiros nesse novo espaço amostral:

$$P(S|M) = \frac{50}{180} = \frac{5}{18}$$

Sejam ainda os eventos:
F: a pessoa escolhida é do sexo feminino
D: a pessoa escolhida é desquitada

então, P(F|D) significa a probabilidade de a pessoa escolhida ser do sexo feminino, no novo espaço amostral reduzido das 50 pessoas desquitadas. Ora, como existem 10 pessoas do sexo feminino nesse novo espaço amostral,

$$P(F|D) = \frac{10}{50} = \frac{1}{5}.$$

Notemos que $P(F|D) \neq P(D|F)$, pois um cálculo simples nos mostra que:

$$P(D|F) = \frac{10}{220} = \frac{1}{22}$$

105. Observação:

Para definirmos formalmente P(A|B), vamos recorrer novamente ao conceito de frequência relativa.

Se um experimento aleatório for repetido N vezes, sejam n_A, n_B e $n_{A \cap B}$ o número de vezes que ocorrem A, B e A ∩ B, respectivamente. Notemos que a frequência relativa de A, naqueles resultados em que B ocorre, é $\frac{n_{A \cap B}}{n_B}$, isto é, a frequência relativa de A condicionada a ocorrência de B

$$\frac{n_{A \cap B}}{n_B} = \frac{\frac{n_{A \cap B}}{N}}{\frac{n_B}{N}} = \frac{f_{A \cap B}}{f_B}$$

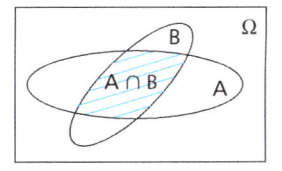

em que $f_{A \cap B}$ e f_B representam as frequências relativas da ocorrência de A ∩ B e de B, respectivamente. Quando N é grande, $f_{A \cap B}$ é "próxima" de P(A ∩ B) e f_B é próxima de P(B). Isto sugere então a definição:

PROBABILIDADE

$$P(A|B) = \frac{P(A \cap B)}{P(B)} \quad P(B) > 0$$

Em resumo, temos dois modos de calcular $P(A|B)$:

1º) Considerando que a probabilidade do evento A será calculada em relação ao espaço amostral "reduzido" B.

2º) Empregando a fórmula:

$$P(A|B) = \frac{P(A \cap B)}{P(B)}$$

em que tanto $P(A \cap B)$ como $P(B)$ são calculadas em relação ao espaço amostral original Ω.

106. Exemplo:

Dois dados d_1 e d_2 são lançados. Consideremos o espaço amostral:

$$\Omega = \begin{cases} (1,1)\,(2,1)\,(3,1)\,(4,1)\,(5,1)\,(6,1) \\ (1,2)\,(2,2)\,(3,2)\,(4,2)\,(5,2)\,(6,2) \\ (1,3)\,(2,3)\,(3,3)\,(4,3)\,(5,3)\,(6,3) \\ (1,4)\,(2,4)\,(3,4)\,(4,4)\,(5,4)\,(6,4) \\ (1,5)\,(2,5)\,(3,5)\,(4,5)\,(5,5)\,(6,5) \\ (1,6)\,(2,6)\,(3,6)\,(4,6)\,(5,6)\,(6,6) \end{cases}$$

Sejam os eventos:

A: o dado d_1 apresenta resultado 2,
B: a soma dos pontos nos dois dados é 6.

Calculemos $P(A|B)$.

1º modo: o novo espaço amostral reduzido é:

B = {(1, 5), (2, 4), (3, 3), (4, 2), (5, 1)}

Nesse novo espaço amostral, a probabilidade de A (d_1 apresentar o resultado 2) é $\frac{1}{5}$. Logo:

$$P(A|B) = \frac{1}{5}$$

2º modo:

$$P(A|B) = \frac{P(A \cap B)}{P(B)}$$

Temos:
A = {(2, 1), (2, 2), (2, 3), (2, 4), (2, 5), (2, 6)} $P(A) = \frac{6}{36} = \frac{1}{6}$

B = {(1, 5), (2, 4), (3, 3), (4, 2), (5, 1)} $P(B) = \frac{5}{36}$

A ∩ B = {(2, 4)} $P(A \cap B) = \frac{1}{36}$

Logo: $P(A|B) = \dfrac{\frac{1}{36}}{\frac{5}{36}} = \frac{1}{5}$

EXERCÍCIOS

425. Um dado é lançado e o número da face de cima é observado.
a) Se o resultado obtido for par, qual a probabilidade de ele ser maior ou igual a 5?
b) Se o resultado obtido for maior ou igual a 5, qual a probabilidade de ele ser par?
c) Se o resultado obtido for ímpar, qual a probabilidade de ele ser menor que 3?
d) Se o resultado obtido for menor que 3, qual a probabilidade de ele ser ímpar?

426. Um número é sorteado ao acaso entre os 100 inteiros de 1 a 100.
a) Qual a probabilidade de o número ser par?
b) Qual a probabilidade de o número ser par, dado que ele é menor que 50?
c) Qual a probabilidade de o número ser divisível por 5, dado que é par?

427. Dois dados d_1 e d_2 são lançados.
a) Qual a probabilidade de a soma dos pontos ser 6, se a face observada em d_1 foi 2?
b) Qual a probabilidade de o dado d_1 apresentar face 2, se a soma dos pontos foi 6?
c) Qual a probabilidade de a soma dos pontos ser menor que 7, sabendo que em ao menos um dado apareceu o resultado 2?
d) Qual a probabilidade de a soma dos pontos ser menor ou igual a 6, se a soma dos pontos nos dois dados foi menor ou igual a 4?
e) Qual a probabilidade de o máximo dos números observados ser 5, se a soma dos pontos foi menor ou igual a 9?

PROBABILIDADE

428. Considere um tetraedro, como um dado, com 4 faces numeradas de 1 a 4. Dois tetraedros t_1 e t_2 são lançados sobre um plano e observam-se os números das faces nas quais se apoiam os tetraedros. Se a soma dos pontos obtidos for maior que 5, qual a probabilidade de que o número observado em t_1 seja:

a) 4? b) 3?

429. Um grupo de 50 moças é classificado de acordo com a cor dos cabelos, e dos olhos de cada moça, segundo a tabela:

cabelos	olhos	
	azuis	castanhos
loira	17	9
morena	4	14
ruiva	3	3

a) Se você marca um encontro com uma dessas garotas, escolhida ao acaso, qual a probabilidade de ela ser:

1) loira? 2) morena de olhos azuis? 3) morena ou ter olhos azuis?

b) Está chovendo quando você encontra a garota. Seus cabelos estão completamente cobertos, mas você percebe que ela tem olhos castanhos. Qual a probabilidade de que ela seja morena?

430. De um total de 100 alunos que se destinam aos cursos de Matemática, Física e Química, sabe-se que:

I. 30 destinam-se à Matemática e, destes, 20 são do sexo masculino.

II. O total de alunos do sexo masculino é 50, dos quais 10 destinam-se à Química.

III. Existem 10 moças que se destinam ao curso de Química.

Nessas condições, sorteando um aluno ao acaso do grupo total e sabendo que é do sexo feminino, qual é a probabilidade de que ele se destine ao curso de Matemática?

431. De um baralho de 52 cartas, uma é extraída e observa-se que seu número está entre 4 e 10 (4 e 10 inclusive). Qual a probabilidade de que o número da carta seja 6?

432. Uma comissão de 3 pessoas é formada escolhendo-se ao acaso entre Antônio, Benedito, César, Denise e Elisabete. Se Denise não pertence à comissão, qual a probabilidade de César pertencer?

433. Um prédio de três andares, com dois apartamentos por andar, tem apenas três apartamentos ocupados. Qual é a probabilidade de que cada um dos três andares tenha exatamente um apartamento ocupado?

434. Se A e B são eventos e P(A) > 0, prove que:

a) $P(A|A) = 1$

b) $P(A^C|A) = 0$

c) Se A e B são mutuamente exclusivos, $P(B|A) = 0$.

d) $P(A \cup B|A) = 1$

e) Se A e B são mutuamente exclusivos, $P(A|A \cup B) = \dfrac{P(A)}{P(A) + P(B)}$.

XI. Teorema da multiplicação

107. Uma consequência importante da definição formal de probabilidade condicional é a seguinte:

$$P(A|B) = \frac{P(A \cap B)}{P(B)} \Rightarrow \boxed{P(A \cap B) = P(B) \cdot P(A|B)}$$

$$P(B|A) = \frac{P(A \cap B)}{P(A)} \Rightarrow \boxed{P(A \cap B) = P(A) \cdot P(B|A)}$$

Isto é, a probabilidade da ocorrência simultânea de dois eventos (P(A ∩ B)) é o produto da probabilidade de um deles pela probabilidade do outro, dado o primeiro.

108. Exemplo 1:

Uma urna I contém 2 bolas vermelhas e 3 bolas brancas, a urna II contém 4 bolas vermelhas e 5 bolas brancas. Uma urna é escolhida ao acaso e dela uma bola é extraída ao acaso. Qual a probabilidade de observarmos urna I e bola vermelha?

PROBABILIDADE

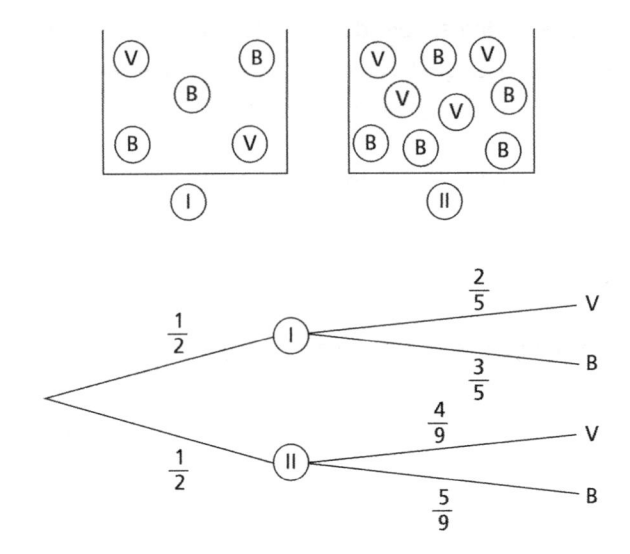

Os dados do problema podem ser colocados num diagrama de árvore. Como cada urna é selecionada ao acaso, a probabilidade é $\frac{1}{2}$ para cada urna I e II $\left(\text{escrevemos } \frac{1}{2} \text{ em cada ramo que parte do ponto inicial para a urna obtida}\right)$.

Dada a urna escolhida, escrevemos as probabilidades condicionais de extrairmos da mesma uma bola de determinada cor. Tais probabilidades são colocadas nos ramos que partem de cada urna para cada resultado do 2º experimento (extração da bola).

Sejam $\begin{cases} U_I, \text{ o evento escolher urna I} \\ U_{II}, \text{ o evento escolher urna II} \\ V, \text{ o evento escolher bola vermelha.} \\ B, \text{ o evento escolher bola branca} \end{cases}$

Estamos interessados no evento $U_I \cap V$. Logo, pelo teorema da multiplicação:

$P(U_I \cap V) = P(U_I) \cdot P(V|U_I)$

Ora, $P(U_I) = \frac{1}{2}$, $P(V|U_I) = \frac{2}{5}$.

Logo, $P(U_I \cap V) = \frac{1}{2} \cdot \frac{2}{5} = \frac{1}{5}$.

Isto é, a probabilidade da ocorrência simultânea de U_I e V é o produto das probabilidades que aparecem nos ramos da árvore onde estão situados I e V.

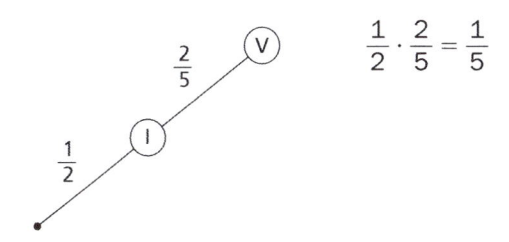

$$\frac{1}{2} \cdot \frac{2}{5} = \frac{1}{5}$$

Analogamente, podemos calcular a probabilidade dos outros três eventos:

$$P(U_I \cap B) = \frac{1}{2} \cdot \frac{3}{5} = \frac{3}{10}$$

$$P(U_{II} \cap V) = \frac{1}{2} \cdot \frac{4}{9} = \frac{2}{9}$$

$$P(U_{II} \cap B) = \frac{1}{2} \cdot \frac{5}{9} = \frac{5}{18}$$

109. Exemplo 2:

Um lote contém 50 peças boas (B) e 10 defeituosas (D). Uma peça é escolhida ao acaso e, sem reposição desta, outra peça é escolhida ao acaso.
O diagrama de árvore correspondente é:

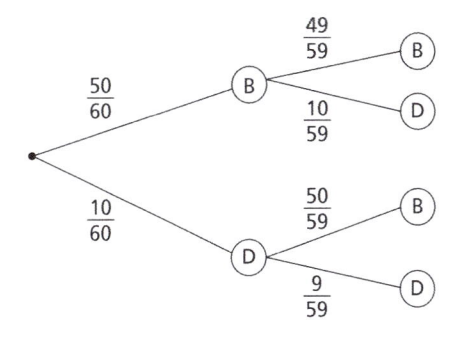

Pelo diagrama, concluímos que a probabilidade de ambas serem defeituosas é:

$$\frac{10}{60} \cdot \frac{9}{59} = \frac{90}{3540} = \frac{3}{118}$$

XII. Teorema da probabilidade total

110. Inicialmente, consideremos n eventos B_1, B_2, ..., B_n. Diremos que eles formam uma partição do espaço amostral Ω, quando:

(1) $P(B_k) > 0 \quad \forall k$
(2) $B_i \cap B_j = \emptyset$ para $i \neq j$
(3) $\bigcup_{i=1}^{n} B_i = \Omega$

Isto é, os eventos B_1, B_2, ..., B_n são dois a dois mutuamente exclusivos e exaustivos (sua união é Ω).

111. Ilustração para $n = 11$:

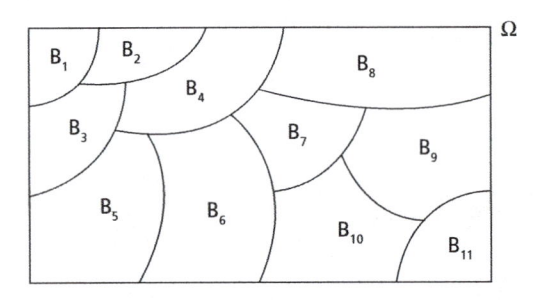

Seja Ω um espaço amostral, A um evento qualquer de Ω e B_1, B_2, ..., B_n uma partição de Ω.

É válida a seguinte relação:

$$A = (B_1 \cap A) \cup (B_2 \cap A) \cup (B_3 \cap A) \cup ... \cup (B_n \cap A)$$

112. A figura abaixo ilustra o fato para $n = 5$.

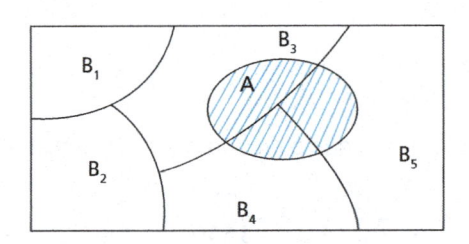

PROBABILIDADE

Nesse caso:

$$A = \underbrace{(B_1 \cap A)}_{\emptyset} \cup \underbrace{(B_2 \cap A)}_{\emptyset} \cup (B_3 \cap A) \cup (B_4 \cap A) \cup (B_5 \cap A)$$

Notemos que $(B_1 \cap A); (B_2 \cap A); ...; (B_n \cap A)$ são dois a dois mutuamente exclusivos, portanto:

$$P(A) = P(B_1 \cap A) + P(B_2 \cap A) + ... + P(B_n \cap A).$$

Este resultado é conhecido como **teorema da probabilidade total**. Ele é utilizado quando P(A) é difícil de ser calculada diretamente, porém simples se for usada a relação acima.

113. Exemplo 1:

Uma urna I tem 2 bolas vermelhas (V) e 3 brancas (B); outra urna II tem 3 bolas vermelhas e uma branca e a urna III tem 4 bolas vermelhas e 2 brancas. Uma urna é selecionada ao acaso e dela é extraída uma bola. Qual a probabilidade de a bola ser vermelha?

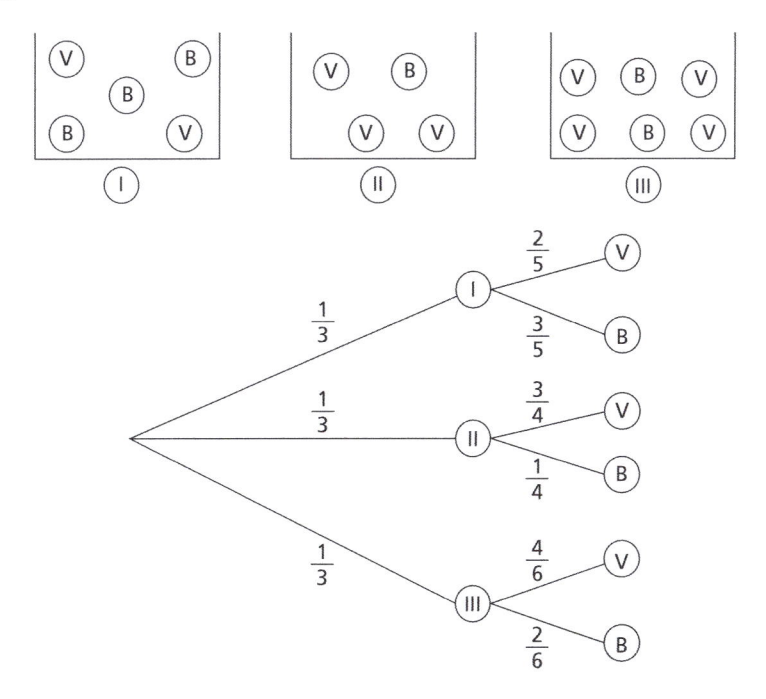

PROBABILIDADE

Notemos que os eventos, U_I (sair urna I), U_{II} (sair urna II) e U_{III} (sair urna III) determinam uma partição de Ω. Seja V o evento sair bola vermelha. Então, pelo **teorema da probabilidade total**, $P(V) = P(U_I \cap V) + P(U_{II} \cap V) + P(U_{III} \cap V)$.

Porém, pelo teorema da multiplicação:

$$P(U_I \cap V) = \frac{1}{3} \cdot \frac{2}{5} = \frac{2}{15}$$

$$P(U_{II} \cap V) = \frac{1}{3} \cdot \frac{3}{4} = \frac{1}{4}$$

$$P(U_{III} \cap V) = \frac{1}{3} \cdot \frac{4}{6} = \frac{2}{9}$$

Decorre então que:

$$P(V) = \frac{2}{15} + \frac{1}{4} + \frac{2}{9} = \frac{109}{180}$$

114. Exemplo 2: **(Problema da moeda de Bertrand)**

Existem três caixas idênticas. A 1ª contém duas moedas de ouro, a 2ª contém uma moeda de ouro e outra de prata, e a 3ª, duas moedas de prata. Uma caixa é selecionada ao acaso e da mesma é escolhida uma moeda ao acaso. Se a moeda escolhida for de ouro, qual a probabilidade de que a outra moeda da caixa escolhida também seja de ouro?

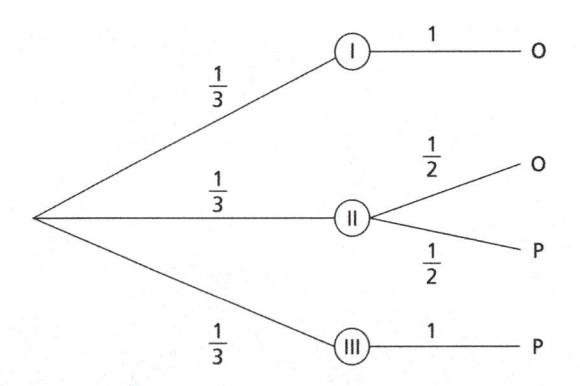

É claro que o problema pode ser formulado da seguinte forma: "Se a moeda escolhida é de ouro, qual a probabilidade de que ela tenha vindo da caixa I (pois a caixa I é a única que contém duas moedas de ouro).

Sejam os eventos:

C_I: a caixa sorteada é a 1ª

C_{II}: a caixa sorteada é a 2ª

C_{III}: a caixa sorteada é a 3ª

O: a moeda sorteada é de ouro

Temos:

$$P(C_I \cap O) = \frac{1}{3} \cdot 1 = \frac{1}{3}$$

$$P(O) = P(C_I \cap O) + P(C_{II} \cap O) + P(C_{III} \cap O)$$

$$P(O) = \frac{1}{3} \cdot 1 + \frac{1}{3} \cdot \frac{1}{2} + 0 = \frac{1}{2}$$

$$P(C_I | O) = \frac{P(C_I \cap O)}{P(O)} = \frac{\frac{1}{3}}{\frac{1}{2}} = \frac{2}{3}$$

Isto é, a probabilidade buscada é $\frac{2}{3}$.

EXERCÍCIOS

435. Um juiz de futebol possui três cartões no bolso. Um é todo amarelo, outro é todo vermelho e o terceiro é vermelho de um lado e amarelo do outro. Num determinado lance, o juiz retira, ao acaso, um cartão do bolso e o mostra a um jogador. Determine a probabilidade de a face que o juiz vê ser vermelha e de a outra face, mostrada ao jogador, ser amarela.

436. Uma urna I tem 3 bolas vermelhas e 4 pretas. Outra urna II tem 6 bolas vermelhas e 2 pretas. Uma urna é escolhida ao acaso e dela é escolhida uma bola também ao acaso. Qual a probabilidade de observarmos:
a) urna I e bola vermelha?
b) urna I e bola preta?
c) urna II e bola vermelha?
d) urna II e bola preta?

PROBABILIDADE

437. Uma urna tem 8 bolas vermelhas, 3 brancas e 4 pretas. Uma bola é escolhida ao acaso e, sem reposição desta, outra é escolhida, também ao acaso. Qual a probabilidade de:
a) a 1ª bola ser vermelha e a 2ª branca?
b) a 1ª bola ser branca e a 2ª vermelha?
c) a 1ª e a 2ª serem vermelhas?

438. O mês de outubro tem 31 dias. Numa certa localidade, chove 5 dias no mês de outubro. Qual a probabilidade de não chover nos dias 1º e 2 de outubro?

439. Seja P_x a probabilidade de que uma pessoa com X anos sobreviva mais um ano e nP_x a probabilidade de que uma pessoa com x anos sobreviva mais n anos (n inteiro positivo).
a) O que significa P_{40}?
b) O que significa $2P_{40}$?
c) Mostre que $2P_{40} = P_{40} \cdot P_{41}$.

440. A urna I tem 3 bolas vermelhas e 4 brancas, a urna II tem 2 bolas vermelhas e 6 brancas e a urna III tem 5 bolas vermelhas, 2 brancas e 3 amarelas. Uma urna é selecionada ao acaso e dela é extraída uma bola, também ao acaso. Qual a probabilidade de a bola ser:
a) vermelha?   b) branca?   c) amarela?

441. Uma urna contém 1 bola preta e 9 brancas. Uma segunda urna contém x bolas pretas e as restantes brancas num total de 10 bolas. Um primeiro experimento consiste em retirar, ao acaso, uma bola de cada urna. Num segundo experimento, as bolas das duas urnas são reunidas e destas, duas bolas são retiradas ao acaso. Qual é o valor mínimo de x a fim de que a probabilidade de saírem duas bolas pretas seja maior no segundo do que no primeiro experimento?

442. Em um lote da fábrica A existem 18 peças boas e 2 defeituosas. Em outro lote da fábrica B, existem 24 peças boas e 6 defeituosas, e em outro lote da fábrica C, existem 38 peças boas e 2 defeituosas. Um dos 3 lotes é sorteado ao acaso e dele é extraída uma peça ao acaso. Qual a probabilidade de a peça ser:
a) boa?   b) defeituosa?

443. Em um jogo de cara ou coroa, em cada tentativa a moeda é lançada 3 vezes consecutivas. Uma tentativa é considerada um sucesso se o número de vezes que se obtém cara supera estritamente o número de vezes que se obtém coroa. Qual é a probabilidade de serem obtidos 2 sucessos nas 2 primeiras tentativas?

444. A urna I tem 2 bolas vermelhas e 3 amarelas e a uma II tem 4 bolas vermelhas, 5 amarelas e 2 brancas. Uma bola é escolhida ao acaso na urna I e colocada na urna II, em seguida uma bola é escolhida na urna II ao acaso. Qual a probabilidade de essa segunda bola ser:
a) vermelha?   b) amarela?   c) branca?

445. Sejam A e B dois eventos tais que: P(A ∪ B) = 0,8 e P(A ∩ B^C) = 0,1. Calcule P(A).

446. Uma urna I tem 3 bolas vermelhas e 4 brancas, a urna II tem 6 bolas vermelhas e 2 brancas. Uma urna é escolhida ao acaso e nela é escolhida uma bola, também ao acaso.
a) Qual a probabilidade de observarmos urna I e bola vermelha?
b) Qual a probabilidade de observarmos bola vermelha?
c) Se a bola observada foi vermelha, qual a probabilidade que tenha vindo da urna I?

Solução (diagrama de árvore)

a) $P(U_I \cap V) = \dfrac{1}{2} \cdot \dfrac{3}{7} = \dfrac{3}{14}$

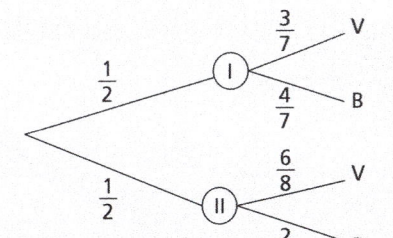

b) $P(V) = \dfrac{1}{2} \cdot \dfrac{3}{7} + \dfrac{1}{2} \cdot \dfrac{6}{8} = \dfrac{33}{56}$

c) Estamos interessados em $P(U_I|V)$. Por definição

$P(U_I|V) = \dfrac{P(U_I \cap V)}{P(V)}$.

Usando os resultados dos itens a e b, $P(U_I|V) = \dfrac{\frac{3}{14}}{\frac{33}{56}} = \dfrac{4}{11}$.

447. Uma caixa contém 3 moedas M_I, M_{II} e M_{III}. A M_I é "honesta", a M_{II} tem duas caras e a M_{III} é viciada de tal modo que caras são duas vezes mais prováveis que coroas. Uma moeda é escolhida ao acaso e lançada.
a) Qual a probabilidade de observarmos moeda M_I e cara?
b) Qual a probabilidade de observarmos cara?
c) Se o resultado final foi cara, qual a probabilidade de que a moeda lançada tenha sido M_I?

PROBABILIDADE

448. Duas máquinas A e B produzem peças idênticas, sendo que a produção da máquina A é o triplo da produção da máquina B. A máquina A produz 80% de peças boas e a máquina B produz 90%. Uma peça é selecionada ao acaso no estoque e verifica-se que é boa. Qual a probabilidade de que tenha sido fabricada pela máquina A?

449. Uma clínica especializada trata de 3 tipos de moléstias: X, Y e Z. 50% dos que procuram a clínica são portadores de X, 40% são portadores de Y e 10% de Z. As probabilidades de cura, nessa clínica, são:

moléstia X: 0,8

moléstia Y: 0,9

moléstia Z: 0,95

Um enfermo saiu curado da clínica. Qual a probabilidade de que ele sofresse da moléstia Y?

Solução
Façamos um diagrama de árvore:

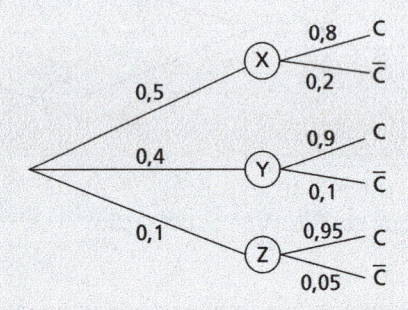

em que:
C: indica o evento "o enfermo fica curado"
$\overline{C}$: indica o evento "o enfermo não fica curado"
1ª etapa: $P(Y \text{ e } C) = 0,4 \cdot 0,9 = 0,36$
2ª etapa: $P(C) = 0,5 \cdot 0,8 + 0,4 \cdot 0,9 + 0,1 \cdot 0,95 = 0,855$
3ª etapa: $P(Y|C) = \dfrac{P(Y \text{ e } C)}{P(C)}$
Logo, $P(Y|C) = \dfrac{0,36}{0,855} = 0,421 = 42,1\%$, que é a probabilidade procurada.

450. No exercício anterior, se o enfermo saiu curado, qual a probabilidade de que ele sofresse:

a) da moléstia X?

b) da moléstia Z?

451. Uma certa moléstia A é detectada através de um exame de sangue. Entre as pessoas que efetivamente possuem a moléstia A, 80% delas têm a moléstia detectada pelo exame de sangue. Entre as pessoas que não possuem a moléstia A, 5% delas têm a moléstia detectada (erroneamente) pelo exame de sangue. Numa cidade, 2% das pessoas têm a moléstia A. Uma pessoa da cidade foi submetida ao citado exame de sangue que a acusou como portadora da moléstia A. Qual a probabilidade de essa pessoa estar efetivamente atacada pela moléstia?

452. Em uma população, o número de homens é igual ao de mulheres. 5% dos homens são daltônicos e 0,25% das mulheres são daltônicas. Uma pessoa é selecionada ao acaso e verifica-se que é daltônica. Qual a probabilidade de que ela seja mulher?

453. Dispõe-se de um mapa. Dispõe-se também de um dado com 3 faces vermelhas e 3 faces azuis. Considerando as regras:

I. partindo do quadro 1, pode-se caminhar, no sentido indicado pelas setas, para os demais quadros, a cada lançamento do dado;

II. lançando-se o dado, se sair face azul, segue-se pela seta da direita até o quadro seguinte;

III. lançando-se o dado, se sair face vermelha, segue-se pela seta da esquerda até o quadro seguinte.

Determine a probabilidade de chegar ao quadro 13 partindo do 1.

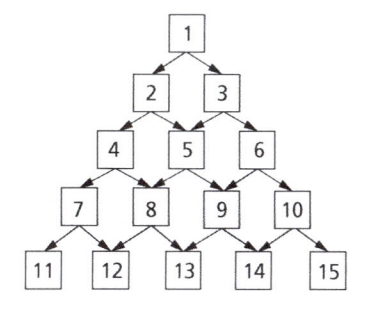

XIII. Independência de dois eventos

115. Dados dois eventos A e B de um espaço amostral Ω, diremos que **A independe de B** se:

$P(A|B) = P(A)$

isto é, A independe de B se a ocorrência de B não afeta a probabilidade de A.

Observemos que, se **A independe de B** ($P(A) > 0$), então **B independe de A**, pois:

$$P(B|A) = \frac{P(A \cap B)}{P(A)} = \frac{P(B) \cdot P(A|B)}{P(A)} = \frac{P(B) \cdot P(A)}{P(A)} = P(B)$$

PROBABILIDADE

116. Em resumo, se A independe de B, então B independe de A e além disso:

$$P(A \cap B) = P(A) \cdot \underbrace{P(B \mid A)}_{P(B)} = P(A) \cdot P(B)$$

Isso sugere a definição:

Dois eventos A e B são chamados independentes se $P(A \cap B) = P(A) \cdot P(B)$.

117. Exemplo 1:

Uma moeda é lançada 3 vezes. Sejam os eventos:

A: ocorrem pelo menos duas caras.
B: ocorrem resultados iguais nos três lançamentos.

Temos:

Ω = {(K, K, K), (K, K, C), (K, C, K), (K, C, C), (C, K, K), (C, K, C), (C, C, K), (C, C, C)}

A = {(K, K, K), (K, K, C), (K, C, K), (C, K, K)}, $P(A) = \dfrac{1}{2}$

B = {(K, K, K), (C, C, C)}, $P(B) = \dfrac{2}{8} = \dfrac{1}{4}$

$A \cap B$ = {(K, K, K)}, $P(A \cap B) = \dfrac{1}{8}$

Logo, $P(A \cap B) = P(A) \cdot P(B)$
            ↑   ↑   ↑
            $\dfrac{1}{8}$ $\dfrac{1}{2}$ $\dfrac{1}{4}$

Portanto A e B são independentes.

118. Observação:

a) Se A e B **não são independentes**, eles são chamados **dependentes**.

b) Prova-se que (ver exercícios), se A e B são independentes, então:

A e B^C são independentes.
A^C e B são independentes.
A^C e B^C são independentes.

119. Exemplo 2:

Duas pessoas praticam tiro ao alvo. A probabilidade de a 1ª atingir o alvo é $P(A) = \dfrac{1}{3}$ e a probabilidade de a 2ª atingir o alvo é $P(B) = \dfrac{2}{3}$.

Admitindo A e B independentes, se os dois atiram, qual a probabilidade de:

a) ambos atingirem o alvo?

b) ao menos um atingir o alvo?

Temos:

a) $P(A \cap B) = P(A) \cdot P(B) = \dfrac{1}{3} \cdot \dfrac{2}{3} = \dfrac{2}{9}$

b) $P(A \cup B) = P(A) + P(B) - P(A \cap B) = \dfrac{1}{3} + \dfrac{2}{3} - \dfrac{2}{9} = \dfrac{7}{9}$

XIV. Independência de três ou mais eventos

120. Consideremos 3 eventos A, B e C do mesmo espaço amostral Ω. Diremos que A, B e C **são independentes**, se:

$P(A \cap B) = P(A) \cdot P(B)$

$P(A \cap C) = P(A) \cdot P(C)$

$P(B \cap C) = P(B) \cdot P(C)$

$P(A \cap B \cap C) = P(A) \cdot P(B) \cdot P(C)$

Generalizando, diremos que n eventos $A_1, A_2, ..., A_n$ são independentes se:

$P(A_i \cap A_j) = P(A_i) \cdot P(A_j) \quad \forall i, j \quad i \neq j$

$P(A_i \cap A_j \cap A_k) = P(A_i) \cdot P(A_j) \cdot P(A_k) \; \forall i, j, k, i \neq j, i \neq k, j \neq k$

....

$P(A_1 \cap A_2 \cap ... \cap A_n) = P(A_1) \cdot P(A_2) \cdot ... \cdot P(A_n)$

121. Observação:

Em geral, para mais do que 2 eventos não precisamos verificar todas essas condições, pois do ponto de vista prático nós **admitimos a independência** (baseados nas particularidades do experimento) e usamos esse fato para calcularmos, por exemplo, $P(A_1 \cap A_2 \cap ... \cap A_n)$ como $P(A_1) \cdot P(A_2) \cdot ... \cdot P(A_n)$.

PROBABILIDADE

122. Exemplo 1:

Uma moeda é lançada 10 vezes. Qual a probabilidade de observarmos cara nos 10 lançamentos?

Sejam os eventos:

A_1: ocorre cara no 1º lançamento
A_2: ocorre cara no 2º lançamento
⋮
A_{10}: ocorre cara no 10º lançamento

Como o resultado de cada lançamento não é afetado pelos outros, podemos admitir $A_1, A_2, ..., A_{10}$ como eventos independentes. Portanto,

$$P(A_1 \cap A_2 \cap ... \cap A_{10}) = P(A_1) \cdot P(A_2) \cdot ... \cdot P(A_{10}).$$

Como:
$P(A_1) = P(A_2) = ... = P(A_{10}) = \dfrac{1}{2}$ (a probabilidade de ocorrer cara em qualquer lançamento é $\dfrac{1}{2}$)

decorre que:

$$P(A_1 \cap A_2 \cap ... \cap A_{10}) = \underbrace{\dfrac{1}{2} \cdot \dfrac{1}{2} \cdot ... \cdot \dfrac{1}{2}}_{10} = \left(\dfrac{1}{2}\right)^{10} = \dfrac{1}{1024}$$

123. Exemplo 2:

Um dado é lançado 5 vezes. Qual a probabilidade de que a face "2" apareça pelo menos uma vez nos 5 lançamentos?

Sejam os eventos:
A_1: ocorre um número diferente de 2 no 1º lançamento.
A_2: ocorre um número diferente de 2 no 2º lançamento.
⋮
A_5: ocorre um número diferente de 2 no 5º lançamento.

Admitindo $A_1, A_2, ..., A_5$ independentes e tendo em conta que

$$P(A_i) = \dfrac{5}{6} \ \forall i \in \{1, 2, 3, 4, 5\}, \text{ resulta que:}$$

$$P(A_1 \cap A_2 \cap ... \cap A_5) = \left(\dfrac{5}{6}\right)^5$$

Então $\left(\dfrac{5}{6}\right)^5$ é a probabilidade de **não observarmos** o "2" em **nenhum lançamento**. Ora, aparecer o "2" pelo menos uma vez é o evento complementar do evento não comparecer nenhuma vez. Logo, a probabilidade desejada é:

$$1 - \left(\dfrac{5}{6}\right)^5$$

EXERCÍCIOS

454. Se A e B são eventos independentes, prove que A^C e B também o são. Isto é, prove que a implicação abaixo é verdadeira:

$P(A \cap B) = P(A) \cdot P(B) \Rightarrow P(A^C \cap B) = P(A^C) \cdot P(B)$

Demonstração
$P(B) = P(A \cap B) + P(A^C \cap B)$ (teorema da probabilidade total)
Logo:
$P(B) = P(A) \cdot P(B) + P(A^C \cap B)$
$P(A^C \cap B) = P(B) - P(A) \cdot P(B)$
$P(A^C \cap B) = P(B) [1 - P(A)]$
$P(A^C \cap B) = P(B) \cdot P(A^C)$

455. Prove (usando o exercício 454) que, se A e B são independentes:

a) A e B^C são independentes

b) A^C e B^C são independentes.

456. Prove que, se A e B são mutuamente exclusivos, $P(A) > 0$ e $P(B) > 0$, então A e B são dependentes.

457. Numa sala existem 4 homens e 6 mulheres. Uma mosca entra na sala e pousa numa pessoa, ao acaso.

a) Qual a probabilidade de que ela pouse num homem (P(H))?

b) Qual a probabilidade de que ela pouse numa mulher (P(M))?

c) Os eventos H e M são independentes?

PROBABILIDADE

458. De um baralho de 52 cartas, uma é extraída ao acaso. Sejam os eventos:

A: a carta é de copas

B: a carta é um rei.

C: a carta é um rei ou uma dama.

Quais dos pares de eventos são independentes?

a) A e B   b) A e C   c) B e C

459. As probabilidades de que duas pessoas A e B resolvam um problema são: $P(A) = \frac{1}{3}$ e $P(B) = \frac{3}{5}$. Qual a probabilidade de que:

a) ambos resolvam o problema?

b) ao menos um resolva o problema?

c) nenhum resolva o problema?

d) A resolva o problema mas B não?

e) B resolva o problema mas A não?

460. A probabilidade de um certo homem sobreviver mais 10 anos, a partir de uma certa data, é 0,4, e de que sua esposa sobreviva mais 10 anos a partir da mesma data é 0,5. Qual a probabilidade de:

a) ambos sobreviverem mais 10 anos a partir daquela data?

b) ao menos um deles sobreviver mais 10 anos a partir daquela data?

461. A probabilidade de que um aluno A resolva certo problema é $P(A) = \frac{1}{2}$, a de que outro aluno B o resolva é $P(B) = \frac{1}{3}$ e a de que um terceiro aluno C o resolva é $P(C) = \frac{1}{4}$. Qual a probabilidade de que:

a) os três resolvam o problema?

b) ao menos um resolva o problema?

Solução

Assumindo que A, B e C são eventos independentes, temos:

A) $P(A \cap B \cap C) = P(A) \cdot P(B) \cdot P(C) = \frac{1}{2} \cdot \frac{1}{3} \cdot \frac{1}{4} = \frac{1}{24}$.

b) Queremos calcular $P(A \cup B \cup C)$.

Temos:

$P(A \cup B \cup C) = P(A) + P(B) + P(C) - P(A \cap B) - P(A \cap C) - P(B \cap C) +$
$+ P(A \cap B \cap C)$

Logo:

P(A ∪ B ∪ C) = P(A) + P(B) + P(C) − P(A) · P(B) − P(A) · P(C) − P(B) · P(C) + + P(A ∩ B ∩ C)

$$P(A \cup B \cup C) = \frac{1}{2} + \frac{1}{3} + \frac{1}{4} - \frac{1}{6} - \frac{1}{8} - \frac{1}{12} + \frac{1}{24}$$

$$P(A \cup B \cup C) = \frac{18}{24} = \frac{3}{4}$$

462. Luís tem probabilidade $\frac{1}{4}$ de convidar Alice para um passeio num domingo. A probabilidade de que César a convide é $\frac{2}{5}$ e a de Olavo é $\frac{1}{2}$. Qual a probabilidade de que:
   a) os três a convidem para o passeio?
   b) ao menos um a convide para o passeio?
   c) nenhum a convide para o passeio?

463. Em um circuito elétrico, 3 componentes são ligados em série e trabalham independentemente um do outro. As probabilidades de falharem o 1º, 2º e 3º componentes valem respectivamente $p_1 = 0{,}1$, $p_2 = 0{,}1$ e $p_3 = 0{,}2$. Qual a probabilidade de que não passe corrente pelo circuito?

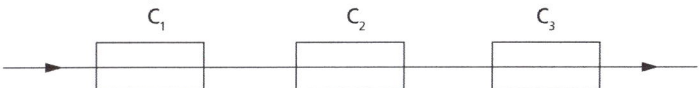

464. (Problema proposto por Chevalier De Meré a Pascal)
   O que é mais provável:
   a) obter pelo menos um "6" jogando um dado 4 vezes ou
   b) obter um par de 6 pelo menos uma vez jogando dois dados simultaneamente 24 vezes?

465. Uma moeda é lançada 10 vezes. Qual a probabilidade de:
   a) observarmos 10 caras?
   b) observarmos 10 coroas?
   c) observarmos 4 caras e 6 coroas?

XV. Lei binomial da probabilidade

124. Ensaios de Bernoulli

Consideremos um experimento que consiste em uma sequência de ensaios ou tentativas independentes, isto é, ensaios nos quais a **probabilidade de um resultado em cada**

PROBABILIDADE

ensaio não depende dos resultados ocorridos nos ensaios anteriores, nem dos resultados nos ensaios posteriores. Em cada ensaio, podem ocorrer apenas dois resultados, um deles que chamaremos de **sucesso** (S) e outro que chamaremos de **fracasso** (F). A probabilidade de ocorrer **sucesso** em cada ensaio é sempre *p*, e consequentemente, a de **fracasso** é q = 1 − p. Tal tipo de experimento recebe o nome de **ensaio de Bernoulli** (pois os primeiros estudos a esse respeito devem-se a Jacques Bernoulli, matemático do século XVII).

125. Exemplos de ensaio de Bernoulli

1) Uma moeda é lançada 5 vezes. Cada lançamento é um ensaio, em que dois resultados podem ocorrer: cara ou coroa. Chamemos de **sucesso** o resultado **cara** e de **fracasso** o resultado **coroa**. Em cada ensaio, $p = \frac{1}{2}$ e $q = \frac{1}{2}$.

2) Uma urna contém 4 bolas vermelhas e 6 brancas. Uma bola é extraída, observada sua cor e reposta na urna; este procedimento é repetido 8 vezes. Cada extração é um ensaio, em que dois resultados podem ocorrer: bola vermelha ou bola branca. Chamemos de **sucesso** o resultado **bola vermelha** e **fracasso** o resultado **bola branca**. Em cada caso, $p = \frac{4}{10}$ e $q = \frac{6}{10}$.

3) Um dado é lançado 100 vezes. Consideremos os dois resultados: sair o número "5" ou sair um número diferente de "5". Cada lançamento é um ensaio de Bernoulli. Chamemos de **sucesso** o resultado **sair o "5"** e de **fracasso** o resultado **não sair o "5"**. Em cada ensaio, $p = \frac{1}{6}$ e $q = \frac{5}{6}$.

126. Observação:

Os nomes **sucesso** e **fracasso** não têm aqui o significado que lhes damos na linguagem cotidiana. São nomes que servem apenas para designar os dois resultados de cada ensaio. Assim, no exemplo 1, poderíamos chamar de **sucesso** o resultado **coroa** e de **fracasso** o resultado **cara**.

No exemplo 1, sejam os eventos:

A_1: ocorre cara no 1º lançamento, $P(A_1) = \frac{1}{2}$.

A_2: ocorre cara no 2º lançamento, $P(A_2) = \frac{1}{2}$.

.
.
.

A_5: ocorre cara no 5º lançamento, $P(A_5) = \frac{1}{2}$.

PROBABILIDADE

Então, o evento $A_1 \cap A_2 \cap ... \cap A_5$ corresponde ao evento **sair cara nos 5 lançamentos**, que é:

{(K, K, K, K, K)}

Como os 5 eventos são independentes,

$$P(A_1 \cap A_2 \cap ... \cap A_5) = \frac{1}{2} \cdot \frac{1}{2} \cdot \frac{1}{2} \cdot \frac{1}{2} \cdot \frac{1}{2} = \frac{1}{32}.$$

Se quisermos a probabilidade de obter duas caras e em seguida três coroas, então o evento que nos interessa é:

$A_1 \cap A_2 \cap A_3^C \cap A_4^C \cap A_5^C$ que é {(K, K, C, C, C)}

Logo,

$$P(A_1 \cap A_2 \cap A_3^C \cap A_4^C \cap A_5^C) = \frac{1}{2} \cdot \frac{1}{2} \cdot \frac{1}{2} \cdot \frac{1}{2} \cdot \frac{1}{2} = \frac{1}{32}.$$

É fácil perceber neste exemplo que a probabilidade de qualquer quíntupla ordenada de caras e coroas é $\frac{1}{32}$, pois em qualquer quíntupla ordenada (_, _, _, _, _) a probabilidade P {(_, _, _, _, _)} será:

$$\frac{1}{2} \cdot \frac{1}{2} \cdot \frac{1}{2} \cdot \frac{1}{2} \cdot \frac{1}{2} = \frac{1}{32}.$$

Suponhamos, agora, o evento sair exatamente uma cara. Isto é:

{(K, C, C, C, C), (C, K, C, C, C), (C, C, K, C, C), (C, C, C, K, C), (C, C, C, C, K)}

Portanto, a probabilidade deste evento é:

$$\frac{1}{32} + \frac{1}{32} + \frac{1}{32} + \frac{1}{32} + \frac{1}{32} = \frac{5}{32}$$

Se quisermos a probabilidade de o evento revelar exatamente duas caras, teremos que calcular o **número** de quíntuplas ordenadas em que existem duas caras (K) e três coroas (C). Ora, a Análise Combinatória nos ensina que este **número** é o número de permutações de 5 elementos, com dois repetidos (iguais a K) e três repetidos (iguais a C), isto é:

$$P_5^{2,3} = \frac{5!}{2! \, 3!} = 10$$

Logo, a probabilidade desejada é $\frac{10}{32}$.

127. Distribuição binomial

Os exemplos anteriores podem ser generalizados, segundo o que se conhece por **distribuição binomial**.

Consideremos então uma sequência de n ensaios de Bernoulli. Seja p a probabilidade de **sucesso** em cada ensaio e q a probabilidade de **fracasso**.

Queremos calcular a **probabilidade P_k, da ocorrência de exatamente K sucessos, nos n ensaios**. É evidente que $K \in \{0, 1, 2, ..., n\}$.

Sejam os eventos:

A_i : ocorre sucesso no i-ésimo ensaio, $P(A_i) = p$.

A_i^C: ocorre fracasso no i-ésimo ensaio, $P(A_i^C) = q$.

O evento "ocorrem exatamente K sucessos nos n ensaios" é formado por **todas as ênuplas ordenadas em que existem K sucessos (S) e n − K fracassos (F)**. O número de ênuplas ordenadas nessas condições é:

$$P_n^{K, n-K} = \frac{n!}{K!(n-K)!} = \binom{n}{K}$$

A probabilidade de cada ênupla ordenada de K sucessos (S) e (n − K) fracassos (F) é dada por:

$$\underbrace{p \cdot p \cdot ... \cdot p}_{K \text{ vezes}} \cdot \underbrace{q \cdot q \cdot ... \cdot q}_{(n-K) \text{ vezes}} = p^K \cdot q^{n-K}$$

pois qualquer ênupla ordenada deste tipo é a **interseção** de K eventos do tipo A_i e (n − K) eventos do tipo A_j^C, e, como esses eventos são independentes, a probabilidade da **interseção** dos mesmos é o **produto** das probabilidades de cada um, isto é, $p^K \cdot q^{n-K}$. Por exemplo, a ênupla $(\underbrace{S, S, S, ..., S}_{K}, \underbrace{F, F, ..., F}_{n-K})$ é igual à interseção

$$A_1 \cap A_2 \cap ... \cap A_K \cap A_{K+1}^C \cap ... \cap A_n^C$$

cuja probabilidade é $p^K \cdot q^{n-K}$.

Logo, se cada ênupla ordenada com exatamente K sucessos tem probabilidade $p^K \cdot q^{n-K}$ e existem $\binom{n}{K}$ ênuplas desse tipo, a probabilidade P_K de **exatamente K sucessos nos n ensaios** será:

$$\boxed{P_K = \binom{n}{K} \cdot p^K \cdot q^{n-K}}$$

128. Exemplo 1:

Uma urna tem 4 bolas vermelhas (V) e 6 brancas (B). Uma bola é extraída, observada sua cor e reposta na urna. O experimento é repetido 5 vezes. Qual a probabilidade de observarmos exatamente 3 vezes bola vermelha?

Em cada ensaio, consideremos como **sucesso** o resultado "bola vermelha", e **fracasso** "bola branca". Então:

$$P = \frac{4}{10} = \frac{2}{5}, q = \frac{6}{10} = \frac{3}{5}, n = 5$$

Estamos interessados na probabilidade P_3. Temos:

$$P_3 = \binom{5}{3} \cdot \left(\frac{2}{5}\right)^3 \cdot \left(\frac{3}{5}\right)^2 = \frac{5!}{3!\,2!} \cdot \frac{8}{125} \cdot \frac{9}{25} = \frac{720}{3\,125}$$

129. Exemplo 2:

Numa cidade, 10% das pessoas possuem carro de marca A. Se 30 pessoas são selecionadas ao acaso, com reposição, qual a probabilidade de exatamente 5 pessoas possuírem carro da marca A?

Em cada escolha de uma pessoa, consideremos os resultados:

Sucesso: a pessoa tem carro marca A.
Fracasso: a pessoa não tem carro marca A.

Então: $p = 0{,}1$, $q = 0{,}9$, $n = 30$. Estamos interessados em P_5. Temos:

$$P_5 = \binom{30}{5}(0{,}1)^5 \cdot (0{,}9)^{25} \cong 0{,}102$$

130. Observação:

O problema de obter K sucessos em n ensaios de Bernoulli pode ser encarado como um problema cujo espaço amostral é $\Omega = \{0, 1, 2, ..., n\}$, isto é, cada elemento de Ω é o número de sucessos em n ensaios de Bernoulli e a distribuição de probabilidade é dada por:

$$P_K = \binom{n}{K} \cdot p^K \cdot q^{n-K}$$

Tal distribuição é chamada **binomial**, pois cada probabilidade P_K é dada pelo **termo geral do binômio de Newton $(p + q)^n$**.

PROBABILIDADE

EXERCÍCIOS

466. Considere uma distribuição binomial com $n = 10$ e $p = 0,4$. Calcule:

a) P_0 b) P_4 c) P_6 d) P_8

467. Uma moeda é lançada 6 vezes. Qual a probabilidade de observarmos exatamente duas caras?

468. Um dado é lançado 5 vezes. Qual a probabilidade de que o "4" apareça exatamente 3 vezes?

469. Um estudante tem probabilidade $p = 0,8$ de acertar cada problema que tenta resolver. Numa prova de 8 problemas, qual a probabilidade de que ele acerte exatamente 6?

470. Uma pessoa tem probabilidade 0,2 de acertar num alvo toda vez que atira. Supondo que as vezes que ela atira são ensaios independentes, qual a probabilidade de ela acertar no alvo exatamente 4 vezes, se ela dá 8 tiros?

471. A probabilidade de que um homem de 45 anos sobreviva mais 20 anos é 0,6. De um grupo de 5 homens com 45 anos, qual a probabilidade de que exatamente 4 cheguem aos 65 anos?

472. Um exame consta de 20 questões tipo certo ou errado. Se o aluno "chutar" todas as respostas, qual a probabilidade de ele acertar exatamente 10 questões? (Indique somente os cálculos.)

473. Uma moeda é lançada $2n$ vezes. Qual a probabilidade de observarmos n caras e n coroas?

474. Uma moeda é lançada 6 vezes. Qual a probabilidade de observarmos ao menos uma cara?

Solução

Temos: $n = 6$, $p = \dfrac{1}{2}$, $q = \dfrac{1}{2}$

Estamos interessados em calcular: $P_1 + P_2 + P_3 + P_4 + P_5 + P_6$
Como:
$P_0 + P_1 + P_2 + P_3 + P_4 + P_5 + P_6 = 1$
$P_1 + P_2 + P_3 + P_4 + P_5 + P_6 = 1 - P_0$

logo, basta calcularmos P_0.

Temos:

$$P_0 = \binom{6}{0} \cdot \left(\frac{1}{2}\right)^0 \cdot \left(\frac{1}{2}\right)^6 = \frac{1}{64}$$

Logo, a probabilidade desejada é: $1 - \frac{1}{64} = \frac{63}{64}$

475. Uma moeda é lançada 10 vezes. Qual a probabilidade de observarmos pelo menos 8 caras?

476. Um time de futebol tem probabilidade $p = \frac{3}{5}$ de vencer todas as vezes que joga. Se disputar 5 partidas, qual a probabilidade de que vença ao menos uma?

477. Uma moeda é lançada 9 vezes. Qual a probabilidade de observarmos no máximo 3 caras?

Solução

Temos: $n = 9$, $p = \frac{1}{2}$, $q = \frac{1}{2}$

Estamos interessados em calcular: $P_0 + P_1 + P_2 + P_3$. Então:

$$P_0 = \binom{9}{0} \cdot \left(\frac{1}{2}\right)^0 \cdot \left(\frac{1}{2}\right)^9 = \frac{1}{512}$$

$$P_1 = \binom{9}{1} \cdot \left(\frac{1}{2}\right)^1 \cdot \left(\frac{1}{2}\right)^8 = \frac{9}{512}$$

$$P_2 = \binom{9}{2} \cdot \left(\frac{1}{2}\right)^2 \cdot \left(\frac{1}{2}\right)^7 = \frac{36}{512}$$

$$P_3 = \binom{9}{3} \cdot \left(\frac{1}{2}\right)^3 \cdot \left(\frac{1}{2}\right)^6 = \frac{84}{512}$$

Logo, $P_0 + P_1 + P_2 + P_3 = \frac{130}{512} = 0{,}254$.

478. Em 4 ensaios de Bernoulli, a probabilidade de sucesso em cada um é $p = 0{,}4$. Qual a probabilidade de observarmos no mínimo 3 sucessos?

479. Um teste tipo certo ou errado consta de 6 questões. Se um aluno "chutar" as respostas ao acaso, qual a probabilidade de que ele acerte mais do que 2 testes?

480. Numa cidade, 30% da população é favorável ao candidato A. Se 10 eleitores forem selecionados ao acaso, com reposição, qual a probabilidade de que mais da metade deles seja favorável ao candidato A? (Indique os cálculos.)

PROBABILIDADE

481. Um casal planeja ter 5 filhos. Admitindo que sejam igualmente prováveis os resultados: filho do sexo masculino e filho do sexo feminino, qual a probabilidade de o casal ter:

a) 5 filhos do sexo masculino?

b) exatamente 3 filhos do sexo masculino?

c) no máximo um filho do sexo masculino?

d) o 5º filho do sexo masculino, dado que os outros 4 são do sexo feminino?

LEITURA

Laplace: a teoria das probabilidades chega ao firmamento

Hygino H. Domingues

"É notável que uma ciência que começou com considerações sobre jogos de azar pudesse ter se elevado ao nível dos mais importantes assuntos do conhecimento." Com efeito, foi isso o que efetivamente ocorreu com a teoria das probabilidades, inserida na citação. Mas, deve-se acrescentar a bem da verdade, como consequência do gênio e do esforço de grandes matemáticos que se dedicaram ao assunto, entre os quais o próprio autor da frase: Pierre-Simon de Laplace (1749-1827).

Laplace nasceu de uma família de humildes camponeses da Normandia, na França. A inteligência brilhante de que era dotado foi o instrumento que propiciou a ele ir rompendo, desde cedo e a passos largos, com os vínculos de sua origem. Assim é que aos 16 anos de idade já estava na Universidade de Caen, onde deveria cursar teologia. Mas logo se inclinou para a matemática, sua verdadeira vocação. Formado, dirige-se a Paris com cartas de apresentação a Jean D'Alembert (1717-1783), o mais eminente matemático francês da época. Como estas não

Pierre-Simon Laplace (1749-1827).

funcionassem, resolveu apresentar-se à sua maneira: enviou a D'Alembert um substancioso artigo de sua autoria sobre os princípios gerais da mecânica. Laplace não apenas foi recebido por D'Alembert mas, também, graças à influência deste, em 1769 era indicado professor da Escola Militar de Paris e em 1773, com 24 anos de idade apenas, para a seleta Academia Real de Ciências.

Assim, foi já como matemático de valor reconhecido e com a carreira científica em plena ascensão que Laplace viveu o período mais tumultuado da história de seu país: a revolução francesa, o período napoleônico e a restauração monárquica. Poderia alguém em sua posição, ainda mais com ambições pessoais como tinha, deixar de se envolver com as paixões que agitaram aqueles dias? A crítica que se faz a Laplace quanto a seu comportamento nesse período diz respeito à sua volubilidade política: em nenhuma das fases (embora antagônicas) deixou de colher honrarias ou posições. Menos mal para a matemática e a mecânica, nas quais pôde trabalhar sem maiores contratempos.

A obra-prima de Laplace é o *Traité de mecanique celeste*, publicada ao longo de 26 anos (1799-1825), em cinco volumes que totalizam 2000 páginas. Reunindo as grandes descobertas até então realizadas no campo da mecânica celeste com sua enorme contribuição ao assunto, Laplace completou o trabalho de Newton no sentido de mostrar que todos os movimentos dos corpos do sistema solar são dedutíveis da lei da gravitação.

Newton não conseguira provar a estabilidade do sistema solar, o que o levou a cogitar da intervenção divina de tempos em tempos para mantê-lo em ordem. Laplace provou essa estabilidade. Daí por que, talvez, certa feita, a uma observação de Napoleão sobre a ausência de menções a Deus em sua obra, teria respondido não precisar dessa hipótese.

A mecânica celeste contribuiu fortemente para que a teoria das probabilidades viesse a ser uma das preocupações científicas de Laplace. Afinal, era preciso, entre outras coisas, determinar a probabilidade de erros em dados de observações experimentais. Mas outros tópicos, como por exemplo a demografia, também o levaram para esse campo. Assim, de um conjunto de memórias ligadas ao tema, a primeira de 1774, resulta em 1812 o clássico *Théorie analytique des probabilités*.

Esta obra, além de reunir e sistematizar boa parte do que era previamente conhecido sobre o assunto, traz contribuições próprias de Laplace, muitas das quais serviram de fonte até para avanços em outros campos da matemática, como a ideia de função geradora e a de transformada de Laplace. Um dos pontos altos do livro é a aplicação da probabilidade ao método dos quadrados mínimos, justificando a conveniência de seu uso.

Como astrônomo, a teoria das probabilidades não era um fim para Laplace, mas apenas um meio. Mesmo assim ele é, sem dúvida, um dos grandes nomes desse campo que com tanto talento ajudou a criar.

Respostas dos exercícios

Capítulo I

1. 40 refeições
2. 30 formas possíveis
3. 30 posições
4. 7 200
5. 56 possibilidades
6. 132 possibilidades
7. 600 formas de se vestir
8. 42 alternativas de compra
10. 1 048 576 formas
11. Aproximadamente 1 000 000.
12. 4 294 967 296 palavras
13. 1 023 possibilidades
14. 63 possibilidades
15. 31 possibilidades
16. 308 915 776 anagramas. Sim.
17. 243 votos possíveis
18. 125 números
19. 200
20. 10
21. 46 656 resultados possíveis
22. 8 100 000
23. a) 8 letras   b) 510 letras
25. 160 percursos diferentes
27. 256 caminhos
28. 64 maneiras
30. $(a + 1)(b + 1)(c + 1)(d + 1)$
31. 28 peças
32. $\dfrac{(n + 1) \cdot (n + 2)}{2}$
33. r^n funções
35. {AA, ABB, ABAA, ABAB, BB, BAA, BABB, BABA}
36. 40 formas
37. No máximo duas voltas.

RESPOSTAS DOS EXERCÍCIOS

38. R$ 1000,00; R$ 3000,00 ou R$ 5000,00

39. 11 possibilidades de jogo

40. m = r + 4

41. (a, b), (a, c), (a, d), (b, a), (b, c) (b, d), (c, a), (c, b), (c, d), (d, a), (d, b), (d, c)

42. a) 120 c) 20
    b) 5040 d) 132

43. 6 840

44. 30 maneiras

45. 30

47. 192

48. 240

49. 24

50. 60

51. 720

52. $3 \cdot A_{19, 10}$

53. $A_{89, 3} = 681\,384$

55. a) m^r b) $\dfrac{m!}{(m-r)!}$

56. 360 possibilidades

57. 72

59. 60

60. m^n

61. n! funções bijetoras

62. 504

63. 252

65. 480 placas

66. 280

67. 125

68. 3537

69. 18

70. 72

71. 60

72. 180

73. 16

74. 60

75. 96

77. 198 números

78. 48

79. 58ª posição

80. $13 \cdot 3^{13}$

81. 5040

82. $(n - r + 1) \cdot A_{k, r} \cdot A_{m-k, n-r}$

84. 480 anagramas

85. 64 números inteiros

86. $2 \cdot (N!)^2$

87. 10! e 7! anagramas

88. 288

89. 120 anagramas

90. 8!

91. 5040

93. a) 17 280   b) 5 760

94. 28 800

95. 72

96. 144 possibilidades

RESPOSTAS DOS EXERCÍCIOS

97. 480

98. 720 maneiras diferentes

99. 672 números

101. 11!

102. 3 colares

103. $(m - 1)!\, m!$ possibilidades

106. 6

107. 12

108. $S = \{7\}$

109. $m = 7$

110. $S = \{12\}$

111. $n = 5$

112. Demonstração

113. Demonstração

115. a) $\dfrac{(2n)!}{2^n \cdot n!}$ b) $(n!)^2$

116. $K! \cdot K^2$

117. $(n - r)(n - r + 1)$

118. $[(m + 1)!]^2$

119. $(m + 1)! - 1$

120. $n!$

121. Demonstração

122. Demonstração

123. Demonstração

124. a) 15 b) 15 c) 1

125. $\{7, 8\}, \{7, 9\}, \{7, 0\}, \{8, 9\}, \{8, 0\}, \{9, 0\}$

126. $\dfrac{n!}{24 \cdot (n - 4)!}$

127. 10

128. $p = 1$

129. $p = 0$ ou $p = 1$

130. 504

131. $n = 8$

132. $x = 5$

133. $n = 4$

134. $m = 7$

135. $f(a) = 109$

136. $m = 9$

137. $p = 5$

138. $S = \{(13, 2)\}$

139. Demonstração

141. $C_{52,4} = 270\,725$

142. 10

143. $C_{5,3} = 10$

144. 848

145. 1023

146. 91

148. $C_{5,2} - C_{3,2} = 7$

149. $C_{9,4} = 126$

150. $C_{8,3} = 56$

151. $n = 7$

152. 15

153. 140

RESPOSTAS DOS EXERCÍCIOS

154. a) $\binom{15}{10}$ c) $5 \cdot \binom{15}{9}$

b) $\binom{15}{5}$ d) $\binom{20}{10} - \binom{15}{10}$

155. 112

156. 3 136 comissões

157. 55

158. $\binom{8}{4} + \binom{8}{2} = 98$

159. 112

161. a) 165 comissões   b) 60 comissões

162. $\binom{50}{4} \cdot \binom{10}{4}$ possibilidades

163. $\binom{5}{2} \cdot \binom{7}{4} = 350$ possibilidades

164. 4 512 subconjuntos

165. a) 3 possibilidades
 b) 10 possibilidades
 c) 15 possibilidades

166. 2 080 modos

167. 140 possibilidades

168. 700 comissões

169. 267 960

170. 280 comissões

171. 630

172. $\binom{300}{3} + \binom{300}{2} + \binom{300}{1}$ nomes

173. 1 680

174. 840

175. 10 retas

176. $C_{4,3} = 4$

177. $C_{n,3} = \dfrac{n!}{3!\,(n-3)!}$

178. $\binom{11}{2} = 55$

179. 176 retas

180. a) 28 cordas
 b) 56 triângulos
 c) 28 hexágonos

182. a) 4   b) 3

183. 100

184. $n(n-3)$

185. $\binom{7}{3} = 35$

186. $\binom{n}{3} - 9$

187. 969 superfícies esféricas

189. $\binom{18}{3} - \binom{10}{3} - \binom{8}{3} = 640$

190. $C_{p,2} \cdot C_{q,2}$

191. 28 800

192. $\binom{64}{2} \cdot \binom{62}{2} = 3\,812\,256$

194. $\binom{p+1}{q}$

195. $\dfrac{m}{p-m}$

196. $C_{7,2} = 21$

197. $\binom{n-k}{p-k}$

198. 495 formas possíveis

199. 60

200. 15 possibilidades

201. $\dfrac{8!}{2!\,2!} = 10\,080$

202. 831 600 minutos ou 577 dias e meio.

203. $\dfrac{20!}{10!\,10!}$

204. 210

205. 10 possibilidades

207. 10

208. 40

209. 210

210. $\dfrac{(a+b)!}{a!\,b!}$

211. $\dbinom{10}{5} = 252$

212. 182

213. 120

214. $\dbinom{8}{4} = 70$

215. 255

216. 27 720 possibilidades

217. 4 620 maneiras

218. $\dfrac{52!}{(13!)^4}$

219. $\dfrac{20!}{(5!)^4}$ maneiras

220. 1 024 possibilidades

221. 280

222. 126

223. $\dfrac{15!}{(5!)^3 \cdot 6}$

224. a) 28   b) 286   c) 1001

225. 126

226. 21

227. 1 287

228. 35

229. 6 soluções

Capítulo II

230. a) $x^3 + 9x^2b + 27xb^2 + 27b^3$
b) $1 - 5x^2 + 10x^4 - 10x^6 + 5x^8 - x^{10}$
c) $x^2 - 4x\sqrt{xy} + 6xy - 4y\sqrt{xy} + y^2$
d) $\operatorname{sen}^4\theta + 4\operatorname{sen}^3\theta\cos\theta + 6\operatorname{sen}^2\theta\cos^2\theta +$
$+ 4\operatorname{sen}\theta\cos^3\theta + \cos^4\theta$
e) $243 - 405y + 270y^2 - 90y^3 + 15y^4 - y^5$

231. $10m^3 + \dfrac{20}{m} + \dfrac{2}{m^5}$

232. $x^7 + 7x^6a + 21x^5a^2 + 35x^4a^3 + 35x^3a^4 +$
$+ 21x^2a^5 + 7xa^6 + a^7$

233. $a = 1$ e $b = 3$

234. a) 8 termos
b) 11 termos
c) $n + 1$ termos

235. a) 51 termos
b) x^{50}, $x^{49} \cdot a$, $x^{48} \cdot a^2$, $x^{47} \cdot a^3$

236. $\dbinom{1000}{99} x^{901} \cdot y^{99}$

237. x^{100}; $100x^{99}y$; $4\,950x^{98}y^2$

238. 16

239. 10^{10}

240. $\dfrac{16}{5}$

241. 3^{20}

242. $-160\sqrt{5}$

243. 2^n

244. x^{12}

245. 5^n

246. 60

247. $30\,618\,x^4y^5$

248. 80

249. 28

250. $5\,005\,a^{12}x^3$

251. $-455\,x^3a^6$

252. -280

253. $\dfrac{105}{32}$

254. Não há termo de grau 1.

255. $-\dfrac{64}{81}$

256. 15

257. -352

258. $\dbinom{100}{40}$

259. $\dbinom{10}{5} = 252$

260. 6

261. $\dbinom{2n}{n}$

262. 280

263. 153

264. $\dfrac{1\,120}{625} = \dfrac{224}{125}$

265. $a = \pm 2$

266. $a = 3$

267. Não existe.

268. 1ª posição

269. n deve ser divisível por 3.

270. não

271. $720x^3y^2$

272. $n = 8$

273. $2n - 1 = 13$

274. $n = 4$

275. $\left[\dbinom{n}{2}\right]^2$

276. $2n(n-1)$

277. $\dbinom{n+1}{p}$

278. -20

279. 17

280. 6 termos

282. a) 1,02 b) 0,94

283. 1,06

285. a) 5^{10} b) 6^8

286. 7^4

287. a) 0 b) 16

288. 16807

289. $p = 9$

290. 1

291. $n = 9$

292. $m = 5$

293. 24

294. a) F   c) V   e) V
b) V   d) V   f) V

296. 16

297. zero

298. a) 1024 b) 1023 c) 1013

299. m = 10

300. $2^n - 1$

301. $2^{11} - 1 = 2047$

302. zero

303. $A_n = 0$

304. Demonstração

305. $2^n - 1$

306. 2

307. Demonstração

308. Demonstração

309. Demonstração

311. Demonstração

312. Demonstração

313. Demonstração

315. Demonstração

316. $\dfrac{n(n+1)(2n+1)}{6}$

318. Demonstração

319. n = 3k − 1

320. $a_2 = 50 \cdot 99 \cdot 9^{98}$

321. $x = \dfrac{\pi}{2} + 2k\pi;\ k \in \mathbb{Z}$

323. p = 5

324. x = 1 ou x = 5

325. p = 5

326. m = 2 ou m = 5

327. $m = 8;\ \binom{m}{3} = 56$

328. m = 2p

329. 45

330. $\{n \in \mathbb{Z}\ |\ n > 3\}$

331. a) $\binom{12}{6}$ b) $\binom{15}{7}$ e $\binom{15}{8}$

332. $252x^{\frac{5}{2}}y^{10}$

333. 12 e 12

334. 210

335. Demonstração

336. 243

337. 13

338. 378

Capítulo III

339. $\Omega = \{P, R, O, B, A, I, L, D, E\}$

340. $\Omega = \{V, B, A\}$

341. $\Omega = \{1, 2, 3, ..., 49, 50\}$

342. $\Omega = \{2_e, 2_c, 2_p, 2_o, 3_e, 3_c, 3_p, 3_o, ..., K_e, K_c, K_p, K_o, ..., A_e, A_c, A_p, A_o\}$
em que os índices e, c, p, o indicam, respectivamente, espadas, copas, paus e ouros

343. $\Omega = \{(V, V), (V, B), (B, V), (B, B)\}$

344. $\Omega = \{(A, B, C), (A, C, B), (B, A, C), (B, C, A), (C, A, B)(C, B, A)\}$

345. $\Omega = \{(MMM), (MMF), (MFM), (MFF), (FMM), (FMF), (FFM), (FFF)\}$
em que M indica o sexo masculino e F, feminino.

347. $\Omega = \{\{A, B\}, \{A, C\}, \{A, D\}, \{A, E\}, \{B, C\}, \{B, D\}, \{B, E\}, \{C, D\}, \{C, E\}, \{D, E\}\}$

348. $\Omega = \{1, 2, 3, ..., 364, 365\}$

RESPOSTAS DOS EXERCÍCIOS

349. a) A = {2, 4, 6, 8, 10, 12, 14, 16, 18, 20, 22, 24, 26, 28, 30}
b) B = {1, 3, 5, 7, 9, 11, 13, 15, 17, 19, 21, 23, 25, 27, 29}
c) C = {2, 3, 5, 7, 11, 13, 17, 19, 23, 29}
d) D = {17, 18, 19, 20, 21, 22, 23, 24, 25, 26, 27, 28, 29, 30}
e) E = {10, 20, 30}
f) F = {3, 6, 8, 9, 12, 15, 16, 18, 21, 24, 27, 30}
g) G = Ω − {6, 12, 18, 24, 30}

350. a) A = {(3, 1), (3, 2), (3, 3), (3, 4), (3, 5), (3, 6)}
b) B = {(1, 1), (2, 2), (3, 3), (4, 4), (5, 5), (6, 6)}
c) C = {(2, 1), (2, 2), (2, 3), (2, 4), (2, 5), (2, 6), (1, 2), (3, 2) (4, 2), (5, 2), (6, 2)}
d) D = {(1, 6), (2, 5), (3, 4), (4, 3), (5, 2), (6, 1)}
e) E = {(1, 1), (1, 2), (2, 1), (1, 3) (2, 2), (3, 1), (1, 4), (2, 3), (3, 2), (4, 1), (1, 5), (2, 4), (3, 3), (4, 2), (5, 1)}

351. a) A = {(K, 1), (K, 2), (K, 3), (K, 4), (K, 5), (K, 6)}
b) B = {(K, 2), (K, 4), (K, 6), (C, 2), (C, 4), (C, 6)}
c) C = {(K, 3), (C, 3)}
d) A ∪ B = {(K, 1), (K, 2), (K, 3), (K, 4), (K, 5), (K, 6), (C, 2), (C, 4), (C, 6)}
e) B ∩ C = ∅, B e C são mutuamente exclusivos.
f) A ∩ C = {(K, 3)}
g) A^C = {(C, 1), (C, 2), (C, 3), (C, 4), (C, 5), (C, 6)}
h) C^C = {(K, 1), (K, 2), (K, 4), (K, 5), (K, 6), (C, 1), (C, 2), (C, 4), (C, 5), (C, 6)}

352. a) A = {(1, 1), (2, 2), (3, 3), (4, 4)}
b) B = {(2, 1), (3, 1), (4, 1), (3, 2), (4, 2), (4, 3)}
c) C = {(1, 1)}
d) D = {(1, 1), (2, 4)}
e) E = {(1, 1), (1, 2), (1, 3), (1, 4), (1, 5)}
f) F = {(1, 3), (2, 3), (3, 3), (4, 3)}

353. a) A = {(I, V), (I, B)}
b) B = {(II, V), (II, B)}
c) C = {(I, V), (II, V)}
d) D = {(I, B), (II, B)}
e) A ∪ B = Ω
f) A ∩ C = {(I, V)}
g) D^C = {(I, V), (II, V)}

354. a) Ω = {(S, S, S), (S, S, N), (S, N, S), (S, N, N), (N, S, S), (N, S, N), (N, N, S), (N, N, N)}
em que S representa resposta sim e N, resposta não.
b) A = {(S, S, N), (S, N, S), (S, N, N), (N, S, S), (N, S, N), (N, N, S), (N, N, N)}

355. $\dfrac{1}{4}$

356. P(A) = 1

357. a) 0,3 d) 0,4
b) 0,6 e) 0,7; 0,3
c) 0,4 f) 0,3; 0,7

358. A distribuição é correta.

359. a) $\dfrac{2}{3}$ b) $\dfrac{1}{3}$

360. $\dfrac{3}{4}$

362. a) $\dfrac{5}{12}$ b) $\dfrac{1}{3}$ c) $\dfrac{5}{12}$

363. a) $\dfrac{1}{55}$ c) $\dfrac{13}{55}$
b) $\dfrac{3}{55}$; $\dfrac{7}{55}$ d) $\dfrac{42}{55}$

364. a) Demonstração
b) 0,042
c) 0,0123; 0,9877

367. a) 0,4 b) 0,8 c) 0,7

RESPOSTAS DOS EXERCÍCIOS

368. Demonstração

369. a) 0,5 b) 0,8 c) 0,8

370. a) $\dfrac{1}{52}$ c) $\dfrac{1}{4}$ e) $\dfrac{12}{13}$

b) $\dfrac{1}{13}$ d) $\dfrac{3}{13}$

371. a) $\dfrac{1}{2}$ b) $\dfrac{1}{2}$ c) $\dfrac{2}{5}$ d) $\dfrac{1}{5}$

372. a) $\dfrac{11}{100}$ b) $\dfrac{2}{25}$ c) $\dfrac{1}{2}$

373. $\dfrac{3}{5}$

374. $\dfrac{1}{2}$

376. a) $\dfrac{4}{9}$ b) $\dfrac{4}{9}$ c) $\dfrac{1}{3}$

377. a) $\dfrac{1}{6}$ c) $\dfrac{1}{6}$ e) 1

b) $\dfrac{5}{6}$ d) $\dfrac{1}{36}$ f) $\dfrac{11}{36}$

378. $\dfrac{1}{54}$

379. $\dfrac{19}{400}$

380. R$ 4 900,00 para A e R$ 700,00 para B

381. $\dfrac{10}{231}$

382. a) 0,4 b) 0,7 c) 0,6

383. $\dfrac{4}{5}$

385. a) $\dfrac{4}{5}$ b) $\dfrac{1}{2}$ c) $\dfrac{9}{10}$

386. a) $\dfrac{21}{50}$ b) $\dfrac{1}{5}$

387. a) $\dfrac{7}{100}$ b) $\dfrac{1}{10}$ c) $\dfrac{1}{10}$

388. a) $\dfrac{1}{8}$ c) $\dfrac{7}{8}$ e) $\dfrac{7}{8}$

b) $\dfrac{3}{8}$ d) $\dfrac{1}{8}$

389. $\dfrac{1}{4}$

390. $\dfrac{4 \cdot \binom{48}{2}}{\binom{52}{5}}$

392. $\dfrac{1}{720}$

393. $\dfrac{4}{9}$

394. $\dfrac{6}{n(n-1)}$

395. a) $\dfrac{1}{4}$ b) $\dfrac{3}{4}$

396. $\dfrac{1}{12}$

397. a) $\dfrac{1}{1000}$ b) $\dfrac{1}{1000}$ c) $\dfrac{1}{1000}$

398. $\dfrac{\frac{10!}{5!\,5!}}{2^{10}} = \dfrac{63}{256}$

399. $\dfrac{1}{15}$

401. $\dfrac{5}{18}$

402. $\dfrac{30\,240}{10^5}$

403. a) $\dfrac{25}{64}$ b) $\dfrac{9}{64}$

404. a) $\dfrac{1}{4}$ b) $\dfrac{49}{100}$ c) $\dfrac{16}{25}$

405. $\dfrac{11}{850}$

406. a) $\dfrac{1}{221}$ b) $\dfrac{8}{663}$

407. a) $\dfrac{7}{22}$ b) $\dfrac{5}{33}$ c) $\dfrac{35}{66}$

408. a) $\dfrac{\binom{180}{10}}{\binom{200}{10}}$ b) $\dfrac{\binom{20}{10}}{\binom{200}{10}}$

RESPOSTAS DOS EXERCÍCIOS

409. a) $\dfrac{\binom{50}{5}}{\binom{60}{5}}$ c) $\dfrac{\binom{50}{2}\cdot\binom{10}{3}}{\binom{60}{5}}$

b) $\dfrac{\binom{10}{5}}{\binom{60}{5}}$ d) $1-\dfrac{\binom{50}{5}}{\binom{60}{5}}$

c) $\dfrac{\binom{180}{5}\cdot\binom{20}{5}}{\binom{200}{10}}$

410. $\dfrac{9}{190}$

411. $\dfrac{\binom{80}{4}\cdot 20}{\binom{100}{5}}$

412. a) $\dfrac{48}{\binom{52}{5}}$ c) $1-\dfrac{\binom{48}{5}}{\binom{52}{5}}$

b) $\dfrac{\binom{48}{5}}{\binom{52}{5}}$

413. $\dfrac{15}{34}$

414. $\dfrac{\binom{9}{4}}{\binom{10}{5}}$

415. $\dfrac{1}{10}$

416. $\dfrac{1}{10}$

418. $\dfrac{1}{3}$

419. $\dfrac{2}{7}$

421. $\dfrac{13}{17}$

422. $\dfrac{14}{221}$

423. $\dfrac{1}{9}$

424. $\dfrac{15}{128}$

425. a) $\dfrac{1}{3}$ c) $\dfrac{1}{3}$

b) $\dfrac{1}{2}$ d) $\dfrac{1}{2}$

426. a) $\dfrac{1}{2}$ b) $\dfrac{24}{49}$ c) $\dfrac{1}{5}$

427. a) $\dfrac{1}{6}$ c) $\dfrac{7}{11}$ e) $\dfrac{4}{15}$

b) $\dfrac{1}{5}$ d) 1

428. a) $\dfrac{1}{2}$ b) $\dfrac{1}{3}$

429. a) $\dfrac{13}{25};\dfrac{2}{25};\dfrac{19}{25}$ b) $\dfrac{7}{13}$

430. $\dfrac{1}{5}$

431. $\dfrac{1}{7}$

432. $\dfrac{3}{4}$

433. $\dfrac{2}{5}$

434. Demonstração

435. $\dfrac{1}{6}$

436. a) $\dfrac{3}{14}$ b) $\dfrac{2}{7}$ c) $\dfrac{3}{8}$ d) $\dfrac{1}{8}$

437. a) $\dfrac{4}{35}$ b) $\dfrac{4}{35}$ c) $\dfrac{4}{15}$

438. $\dfrac{65}{93}$

439. a) Probabilidade de uma pessoa de 40 anos sobreviver mais um ano.
b) Probabilidade de uma pessoa de 40 anos sobreviver mais 2 anos.
c) Demonstração

440. a) $\dfrac{11}{28}$ b) $\dfrac{71}{140}$ c) $\dfrac{1}{10}$

441. $x = 3$

442. a) $\dfrac{53}{60}$ b) $\dfrac{7}{60}$

443. $\dfrac{1}{4}$

444. a) $\dfrac{11}{30}$ b) $\dfrac{7}{15}$ c) $\dfrac{1}{6}$

445. 0,9

447. a) $\dfrac{1}{6}$ b) $\dfrac{13}{18}$ c) $\dfrac{3}{13}$

448. $\dfrac{8}{11}$

450. a) 46,7%   b) 11,1%.
Obs.: As respostas foram arredondadas para uma casa decimal.

451. $P(A|SIM) \cong 24{,}6\%$

452. $P(F|D) \cong 4{,}8\%$

453. $\dfrac{3}{8}$

455. Demonstração

456. Demonstração

457. a) 0,4
b) 0,6
c) Não, pois $P(H \cap M) = 0 \neq P(H) \cdot P(M)$.

458. a) A e B são independentes.
b) A e C são independentes.
c) B e C não são independentes.

459. a) $\dfrac{1}{5}$ c) $\dfrac{4}{15}$ e) $\dfrac{2}{5}$
b) $\dfrac{11}{15}$ d) $\dfrac{2}{15}$

460. a) 0,2   b) 0,7

462. a) $\dfrac{1}{20}$ b) $\dfrac{31}{40}$ c) $\dfrac{9}{40}$

463. 0,352

464. O evento enunciado em (a) é mais provável; sua probabilidade é de aproximadamente 0,5177 e a do evento enunciado em (b) é de 0,4914.

465. a) $\dfrac{1}{1024}$ b) $\dfrac{1}{1024}$ c) $\dfrac{105}{512}$

466. a) $P_0 \cong 0{,}006$ c) $P_6 \cong 0{,}111$
b) $P_4 \cong 0{,}251$ d) $P_8 \cong 0{,}011$

467. $P_2 \cong 0{,}234$

468. $\dfrac{125}{3888}$

469. $P_6 \cong 0{,}294$

470. $P_4 \cong 0{,}046$

471. 0,259

472. $\dbinom{20}{10}\left(\dfrac{1}{2}\right)^{20} \cong 0{,}176$

473. $\dbinom{2n}{n}\left(\dfrac{1}{2}\right)^{2n}$

475. $\dfrac{7}{128}$

476. $\dfrac{3093}{3125}$

478. 0,1792

479. $\dfrac{21}{32}$

480. $\displaystyle\sum_{x=6}^{10}\binom{10}{x}(0{,}3)^x \cdot (0{,}7)^{10-x}$

481. a) $\dfrac{1}{32}$ c) $\dfrac{3}{16}$
b) $\dfrac{5}{16}$ d) $\dfrac{1}{2}$

Questões de vestibulares

Combinatória

1. (FEI-SP) No cardápio de um restaurante, são oferecidos quatro tipos de carne, três saladas distintas, dois tipos de massa e cinco tipos de bebida. Uma pessoa deseja comer uma carne, uma salada, um tipo de massa e tomar uma bebida. O número total de diferentes pedidos que poderiam ser feitos é igual a:
a) 14
b) 120
c) 150
d) 98
e) 10

2. (Fatec-SP) Para mostrar aos seus clientes alguns dos produtos que vende, um comerciante reservou um espaço em uma vitrine, para colocar exatamente 3 latas de refrigerante, [diferentes] lado a lado. Se ele vende 6 tipos diferentes de refrigerante, de quantas maneiras distintas pode expô-los na vitrine?
a) 144
b) 132
c) 120
d) 72
e) 20

3. (UE-RJ) Considere a situação abaixo:
Em um salão há penas 6 mulheres e 6 homens que sabem dançar. Calcule o número total de pares de pessoas de sexos opostos que podem ser formados para dançar.
Um estudante resolveu esse problema do seguinte modo:
A primeira pessoa do casal pode ser escolhida de 12 modos, pois ela pode ser homem ou mulher. Escolhida a primeira, a segunda pessoa só poderá ser escolhida de 6 modos, pois deve ser de sexo diferente da primeira. Há, portanto, 12 × 6 = 72 modos de formar um casal.
Essa solução está errada. Apresente a solução correta.

QUESTÕES DE VESTIBULARES

4. (UF-AM) A quantidade de números pares que se pode formar com quatro algarismos distintos é igual a:
a) 5040
b) 1356
c) 2296
d) 3600
e) 5000

5. (UF-GO) Os computadores digitais codificam e armazenam seus programas na forma binária. No código binário, que é um sistema de numeração posicional, as quantidades são representadas somente com dois algarismos: zero e um. Por exemplo, o código 101011001, no sistema binário, representa o número 345, do sistema de numeração decimal. Assim sendo, calcule quantos códigos binários podem ser escritos com exatamente nove algarismos, considerando que o primeiro algarismo do código binário é 1.

6. (PUC-MG) As portas de acesso de todos os apartamentos de certo hotel são identificadas por meio de números ímpares formados com 3 elementos do conjunto M = {3, 4, 6, 7, 8}. Nessas condições, é correto afirmar que o número máximo de apartamentos desse hotel é:
a) 24
b) 36
c) 44
d) 50

7. (UE-CE) O número de inteiros positivos, de três dígitos, nos quais figura o algarismo 3 é:
a) 84
b) 120
c) 172
d) 252

8. (PUC-RJ) Rebeca tem uma blusa de cada uma das seguintes cores: branco, vermelho, amarelo, verde e azul. Ela tem uma saia de cada uma das seguintes cores: branco, azul, violeta e cinza. De quantas maneiras Rebeca pode se vestir sem usar blusa e saia da mesma cor?
a) 14
b) 18
c) 20
d) 21
e) 35

9. (UF-PE) Um armazém de construção precisa entregar 26 toneladas de areia para um construtor. A entrega será efetuada usando os dois caminhões do armazém, um deles com capacidade para transportar 3 toneladas, e o outro com capacidade para 2 toneladas. Se, em cada viagem, os caminhões estiverem preenchidos com sua capacidade máxima, e os dois caminhões forem utilizados na entrega, de quantas maneiras diferentes a entrega pode ser feita?
a) 7
b) 6
c) 5
d) 4
e) 3

10. (FGV-SP) Usando as letras do conjunto {a, b, c, d, e, f, g, h, i, j}, quantas senhas de 4 letras podem ser formadas de modo que duas letras adjacentes, isto é, vizinhas, sejam necessariamente diferentes?
a) 7290
b) 5040
c) 10000
d) 6840
e) 11220

11. (UF-CE) Dispõe-se de cinco cores distintas para confeccionar bandeiras com três listras horizontais de mesma largura. O número de bandeiras diferentes que se pode confeccionar, exigindo-se que listras vizinhas não tenham a mesma cor, é igual a:

a) 75 b) 80 c) 85 d) 90 e) 95

12. (Mackenzie-SP) Cada um dos círculos da figura deverá ser pintado com uma cor, escolhida dentre três disponíveis.

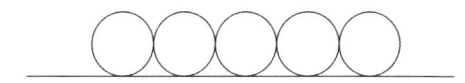

Sabendo que dois círculos consecutivos nunca serão pintados com a mesma cor, o número de formas de se pintar os círculos é:

a) 72 c) 60 e) 48
b) 68 d) 54

13. (Unesp-SP) Uma rede de supermercados fornece a seus clientes um cartão de crédito cuja identificação é formada por 3 letras distintas (dentre 26), seguidas de 4 algarismos distintos. Uma determinada cidade receberá os cartões, que têm L como terceira letra, o último algarismo é zero e o penúltimo é 1. A quantidade total de cartões distintos oferecidos por tal rede de supermercados para essa cidade é:

a) 33 600
b) 37 800
c) 43 200
d) 58 500
e) 67 600

14. (Enem-MEC) Um técnico em refrigeração precisa revisar todos os pontos de saída de ar de um escritório com várias salas.
Na imagem apresentada, cada ponto indicado por uma letra é a saída do ar, e os segmentos são as tubulações.

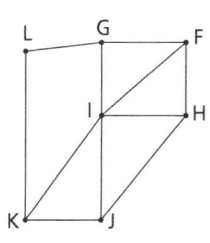

Iniciando a revisão pelo ponto K e terminando em F, sem passar mais de uma vez por cada ponto, o caminho será passando pelos pontos:

a) K, I e F.
b) K, J, I, G, L e F.
c) K, L, G, I, J, H e F.
d) K, J, H, I, G, L e F.
e) K, L, G, I, H, J e F.

QUESTÕES DE VESTIBULARES

15. (UE-CE) Seja X o conjunto dos números da forma 31754xy (x é o dígito das dezenas e y o dígito das unidades), que são divisíveis por 15. O número de elementos de X é:
a) 6
b) 7
c) 8
d) 9

16. (UF-PE) De um grupo formado por 25 membros de um partido serão escolhidos três candidatos diferentes para disputar os cargos de vereador, deputado estadual e prefeito. De quantas maneiras os candidatos podem ser escolhidos?
a) 13 800
b) 13 700
c) 13 600
d) 13 500
e) 13 400

17. (Mackenzie-SP) Para se cadastrar em um *site* de compras, cada cliente digitava uma senha com quatro algarismos. Com o objetivo de aumentar a segurança, todos os clientes foram solicitados a adotar novas senhas com cinco algarismos. Se definirmos o nível de segurança como a quantidade possível de senhas, então a segurança nesse *site* aumentou em:
a) 10%
b) 25%
c) 125%
d) 900%
e) 1 100%

18. (UFF-RJ) O total de números naturais pares de três dígitos formados por algarismos distintos do conjunto S = {1, 2, 3, 4, 5, 6, 7} é igual a:
a) 35
b) 45
c) 90
d) 108
e) 210

19. (FEI-SP) Uma senha de acesso a um *site* da internet deve ser composta de quatro algarismos distintos, escolhidos dentre os algarismos 1, 2, 3, 5, 6, 8 e 9. Neste caso, a quantidade de senhas que têm como último dígito um número par é:
a) 1 029
b) 840
c) 720
d) 648
e) 360

20. (FEI-SP) O total de números pares, com 4 algarismos distintos, que podem ser formados com os algarismos 1, 2, 3, 4, 6, 7 e 9 é:
a) 18
b) 840
c) 504
d) 22
e) 360

21. (PUC-RS) Uma melodia é uma sequência de notas musicais. Para compor um trecho de três notas musicais sem repeti-las, um músico pode utilizar as sete notas que existem na escala musical. O número de melodias diferentes possíveis de serem escritas é:
a) 3
b) 21
c) 35
d) 210
e) 5040

22. (UE-CE) Todo número inteiro maior do que 1 ou é primo ou se escreve de maneira única como um produto de números primos. Esse produto é chamado de decomposição do número em fatores primos. O número de divisores positivos de N, um número inteiro maior do que 1, é função dos expoentes dos números primos que aparecem na decomposição de N. O número de divisores positivos de 1024 é:
  a) 10
  b) 32
  c) 11
  d) 34

23. (ITA-SP) Determine quantos números de 3 algarismos podem ser formados com 1, 2, 3, 4, 5, 6 e 7, satisfazendo à seguinte regra: O número não pode ter algarismos repetidos, exceto quando iniciar com 1 ou 2, caso em que o 7 (e apenas o 7) pode aparecer mais de uma vez. Assinale o resultado obtido.
  a) 204
  b) 206
  c) 208
  d) 210
  e) 212

24. (Fuvest-SP)
  a) Quantos são os números inteiros positivos de quatro algarismos, escolhidos sem repetição, entre 1, 3, 5, 6, 8, 9?
  b) Dentre os números inteiros positivos de quatro algarismos citados no item a), quantos são divisíveis por 5?
  c) Dentre os números inteiros positivos de quatro algarismos citados no item a), quantos são divisíveis por 4?

25. (Unifesp-SP) O número de inteiros positivos que são divisores do número $N = 21^4 \times 35^3$, inclusive 1 e N, é:
  a) 84
  b) 86
  c) 140
  d) 160
  e) 162

26. (UE-PI) O código de abertura de um cofre é formado por seis dígitos (que podem se repetir, e o código pode começar com o dígito 0). Quantos são os códigos de abertura com pelo menos um dígito 7?
  a) 468 559
  b) 468 595
  c) 486 595
  d) 645 985
  e) 855 964

27. (Unesp-SP) Todo dado cúbico padrão possui as seguintes propriedades:
  - Sobre suas faces estão registrados os números de 1 a 6, na forma de pontos.
  - A soma dos números registrados, em quaisquer duas de suas faces opostas, é sempre igual a 7.

QUESTÕES DE VESTIBULARES

Se quatro dados cúbicos padrões forem colocados verticalmente, um sobre o outro, em cima de uma superfície plana horizontal, de forma que qualquer observador tenha conhecimento apenas do número registrado na face horizontal superior do quarto dado, podemos afirmar que, se nessa face estiver registrado o número 5, então a soma dos números registrados nas faces horizontais não visíveis ao observador será de:

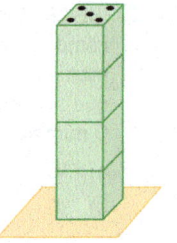

a) 23
b) 24
c) 25
d) 26
e) 27

28. (Fuvest-SP) Maria deve criar uma senha de 4 dígitos para sua conta bancária. Nessa senha, somente os algarismos 1, 2, 3, 4, 5 podem ser usados e um mesmo algarismo pode aparecer mais de uma vez. Contudo, supersticiosa, Maria não quer que sua senha contenha o número 13, isto é, o algarismo 1 seguido imediatamente pelo algarismo 3. De quantas maneiras distintas Maria pode escolher sua senha?

a) 551   b) 552   c) 553   d) 554   e) 555

29. (UE-CE) A senha de um cartão eletrônico possui sete caracteres, todos distintos, sendo quatro algarismos e três letras maiúsculas, intercalando algarismos e letras (por exemplo, 5C7X2P8). Sabendo que são disponibilizados 26 letras e 10 algarismos, o número de senhas distintas que podem ser confeccionadas é:

a) 66 888 000   b) 72 624 000   c) 78 624 000   d) 84 888 000

30. (PUC-SP) Na sala de reuniões de certa empresa há uma mesa retangular com 10 poltronas dispostas da forma como é mostrada na figura abaixo.

Certo dia, sete pessoas foram convocadas para participar de uma reunião a ser realizada nessa sala: o presidente, o vice-presidente, um secretário e quatro membros da diretoria. Sabe-se que:

• o presidente e o vice-presidente deverão ocupar exclusivamente as poltronas das cabeceiras da mesa;
• o secretário deverá ocupar uma poltrona ao lado do presidente.

Considerando que tais poltronas são fixas no piso da sala, de quantos modos as sete pessoas podem nelas se acomodar para participar de tal reunião?

a) 3360
b) 2480
c) 1680
d) 1240
e) 840

31. (FGV-SP) Colocando em ordem [crescente] os números resultantes das permutações dos algarismos 1, 2, 3, 4, 5, que posição ocupará o número 35241?
 a) 55ª
 b) 70ª
 c) 56ª
 d) 69ª
 e) 72ª

32. (Enem-MEC) O setor de recursos humanos de uma empresa vai realizar uma entrevista com 120 candidatos a uma vaga de contador. Por sorteio, eles pretendem atribuir a cada candidato um número, colocar a lista de números em ordem numérica crescente e usá-la para convocar os interessados. Acontece que, por um defeito do computador, foram gerados números com 5 algarismos distintos e, em nenhum deles, apareceram dígitos pares.

Em razão disso, a ordem de chamada do candidato que tiver recebido o número 75 913 é:
 a) 24
 b) 31
 c) 32
 d) 88
 e) 89

33. (UF-PE) De quantas maneiras seis pessoas podem ser colocadas em fila, se duas delas se recusam a ficar em posições adjacentes?
 a) 460
 b) 470
 c) 480
 d) 490
 e) 500

34. (UF-MG) Para montar a programação de uma emissora de rádio, o programador musical conta com 10 músicas distintas, de diferentes estilos, assim agrupadas: 4 de MPB, 3 de Rock e 3 de Pop.
Sem tempo para fazer essa programação, ele decide que, em cada um dos programas da emissora, serão tocadas, de forma aleatória, todas as 10 músicas.
Assim sendo, é correto afirmar que o número de programas distintos em que as músicas vão ser tocadas agrupadas por estilo é dado por:
 a) $4! \times 3! \times 3! \times 3!$
 b) $\dfrac{10!}{7!}$
 c) $4! \times 3! \times 3!$
 d) $\dfrac{10!}{7! \times 3!}$

35. (UF-RS) O número de divisores [positivos] de 7! é:
 a) 36
 b) 45
 c) 60
 d) 72
 e) 96

36. (FGV-SP) O número de permutações da palavra ECONOMIA que não começam nem terminam com a letra O é:
 a) 9400
 b) 9600
 c) 9800
 d) 10200
 e) 10800

QUESTÕES DE VESTIBULARES

37. (Unicamp-SP) O perfil lipídico é um exame médico que avalia a dosagem dos quatro tipos principais de gorduras (lipídios) no sangue: colesterol total (CT), colesterol HDL (conhecido como "bom colesterol"), colesterol LDL (o "mau colesterol") e triglicérides (TG). Os valores desses quatro indicadores estão relacionados pela fórmula de Friedewald: CT = LDL + HDL + $\frac{TG}{5}$. A tabela abaixo mostra os valores normais dos lipídios sanguíneos para um adulto, segundo o laboratório SangueBom.

Indicador	Valores normais
CT	Até 200 mg/dl
LDL	Até 130 mg/dl
HDL	Entre 40 e 60 mg/dl
TG	Até 150 mg/dl

a) O perfil lipídico de Pedro revelou que sua dosagem de colesterol total era igual a 198 mg/dl, e que a de triglicérides era igual a 130 mg/ml. Sabendo que todos os seus indicadores estavam normais, qual o intervalo possível para o seu nível de LDL?

b) Acidentalmente, o laboratório SangueBom deixou de etiquetar as amostras de sangue de cinco pessoas. Determine de quantos modos diferentes seria possível relacionar essas amostras às pessoas, sem qualquer informação adicional. Na tentativa de evitar que todos os exames fossem refeitos, o laboratório analisou o tipo sanguíneo das amostras e detectou que três delas eram de sangue O+ e as duas restantes eram de sangue A+. Nesse caso, supondo que cada pessoa indicasse seu tipo sanguíneo, de quantas maneiras diferentes seria possível relacionar as amostras de sangue às pessoas?

38. (PUC-RS) O número de anagramas da palavra CONJUNTO que começam por C e terminam por T é:
a) 15
b) 30
c) 180
d) 360
e) 720

39. (Unesp-SP) Quantos números de nove algarismos podem ser formados contendo quatro algarismos iguais a 1, três algarismos iguais a 2 e dois algarismos iguais a 3?

40. (UE-CE) É do grande poeta português Fernando Pessoa a belíssima frase
"Tudo vale a pena se a alma não é pequena"
Tomados pelo espírito dessa frase, queremos formar novas sequências de palavras, permutando-se as palavras do verso, indiferentemente de constituir ou não frases, por exemplo: "A pena não vale tudo se pequena é a alma" ou "A a é pena não se vale pequena tudo alma".
É correto afirmar que o número de sequências distintas de palavras que se pode construir, utilizando-se todas as dez palavras, é igual a:
a) 453 600
b) 907 200
c) 1 814 400
d) 3 628 800
e) 7 257 600

41. (Unesp-SP) A figura mostra a planta de um bairro de uma cidade. Uma pessoa quer caminhar do ponto A ao ponto B por um dos percursos mais curtos. Assim, ela caminhará sempre nos sentidos "de baixo para cima" ou "da esquerda para a direita". O número de percursos diferentes que essa pessoa poderá fazer de A até B é:

a) 95 040
b) 40 635
c) 924
d) 792
e) 35

42. (PUC-RS) Com 8 frutas diferentes, o número de saladas que podem ser feitas contendo exatamente 3 dessas frutas é:

a) 24
b) 54
c) 56
d) 112
e) 336

43. (UF-PE) São dados os 8 pontos A, B, C, D, E, F, G e H sobre uma circunferência, como na figura abaixo. De quantas maneiras podem-se formar triângulos com vértices nesses pontos?

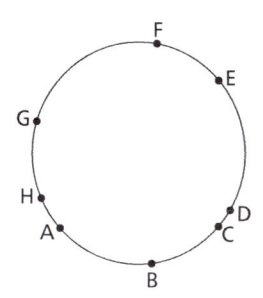

44. (Unesp-SP) Um repórter perguntou a um técnico de um time de futebol de salão se ele já dispunha da escalação de sua equipe. O técnico respondeu que jogariam Fulano, a grande estrela do time, e mais 4 jogadores. Supondo que o técnico disponha de um elenco de 11 jogadores (incluindo Fulano) e que qualquer jogador pode ocupar qualquer posição, quantas equipes diferentes podem ser formadas de maneira que a resposta do técnico seja verdadeira?

a) 15
b) 44
c) 155
d) 210
e) 430

45. (FGV-SP) O número de segmentos de reta que têm ambas as extremidades localizadas nos vértices de um cubo dado é:

a) 12
b) 15
c) 18
d) 24
e) 28

46. (FGV-SP) Uma empresa tem *n* vendedores que, com exceção de dois deles, podem ser promovidos a duas vagas de gerente de vendas. Se há 105 possibilidades de se efetuar essa promoção, então o número *n* é igual a:

a) 10
b) 11
c) 13
d) 15
e) 17

47. (FGV-SP) As saladas de frutas de um restaurante são feitas misturando pelo menos duas frutas escolhidas entre: banana, laranja, maçã, abacaxi e melão.
Quantos tipos diferentes de saladas de frutas podem ser feitos considerando apenas os tipos de frutas e não as quantidades?

a) 26
b) 24
c) 22
d) 30
e) 28

48. (FEI-SP) Em um grupo de dez pessoas, deseja-se formar comissões com exatamente quatro integrantes. Nesse grupo, há duas pessoas, Saulo e Marli, que, por problemas de relacionamento, não podem participar da mesma comissão. Nessas condições, de quantas maneiras distintas é possível formar comissões desse tipo?

a) 210
b) 235
c) 182
d) 196
e) 28

49. (Unifesp-SP) Numa classe há *x* meninas e *y* meninos, com $x, y \geq 4$. Se duas meninas se retirarem da classe, o número de meninos na classe ficará igual ao dobro do número de meninas.

a) Dê a expressão do número de meninos na classe em função do número de meninas e, sabendo que não há mais que 14 meninas na classe, determine quantos meninos, no máximo, pode haver na classe.

b) A direção do colégio deseja formar duas comissões entre os alunos da classe, uma com exatamente 3 meninas e outra com exatamente 2 meninos. Sabendo-se que, nessa classe, o número de comissões que podem ser formadas com 3 meninas é igual ao número de comissões que podem ser formadas com dois meninos, determine o número de alunos da classe.

50. (UE-CE) Se um conjunto X possui 8 elementos, então o número de subconjuntos de X que possuem 3 ou 5 elementos é:

a) $2^3 + 2^5$
b) $2^7 - 2^4$
c) $2^3 \cdot 2^5$
d) $2^7 \div 2^4$

51. (PUC-RS) Em uma sala existem 10 pessoas, sendo 8 mulheres e 2 homens. O número de possibilidades de formar, com essas 10 pessoas, um grupo que contenha exatamente 3 mulheres e 2 homens é:

a) C_8^3

b) C_{10}^5

c) $2C_8^3$

d) A_{10}^5

e) A_8^3

52. (UF-CE) Uma comissão de 5 membros será formada escolhendo-se parlamentares de um conjunto com 5 senadores e 3 deputados. Determine o número de comissões distintas que podem ser formadas obedecendo à regra: a presidência da comissão deve ser ocupada por um senador, e a vice-presidência, por um deputado (duas comissões com as mesmas pessoas, mas que a presidência ou a vice-presidência sejam ocupadas por pessoas diferentes, são consideradas distintas).

53. (Mackenzie-SP) Na figura, o quadrado ABCD é formado por 9 quadrados congruentes. O total de triângulos distintos, que podem ser construídos, a partir dos 16 pontos, é:

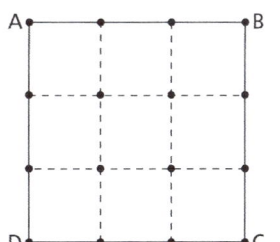

a) 516

b) 520

c) 526

d) 532

e) 546

54. (UF-CE) Um professor pretendia elaborar uma lista de exercícios com dez questões. Para isso, ele escolheu quatro problemas de Combinatória, sete problemas de Geometria e oito de Álgebra. Determine o número de listas distintas que o professor poderia elaborar (não considere a ordem de apresentação das questões), ao decidir que a lista teria duas questões de Análise Combinatória, cinco questões de Geometria e três questões de Álgebra.

55. (Unicamp-SP) O grêmio estudantil do Colégio Alvorada é composto por 6 alunos e 8 alunas. Na última reunião do grêmio, decidiu-se formar uma comissão de 3 rapazes e 5 moças para a organização das olimpíadas do colégio. De quantos modos diferentes pode-se formar essa comissão?

a) 6720

b) 100800

c) 806400

d) 1120

56. (Fuvest-SP) Em uma classe de 9 alunos, todos se dão bem, com exceção de Andreia, que vive brigando com Manoel e Alberto.
Nessa classe, será constituída uma comissão de cinco alunos, com a exigência de que cada membro se relacione bem com todos os outros.
Quantas comissões podem ser formadas?

a) 71   b) 75   c) 80   d) 83   e) 87

QUESTÕES DE VESTIBULARES

57. (UF-PE) Diversos casais participam de uma recepção. Se cada participante cumprimenta os demais, com exceção dele(a) mesmo(a) e seu(sua) companheiro(a), e ocorreram 180 cumprimentos, quantos eram os casais presentes na recepção?

a) 10   b) 9   c) 8   d) 7   e) 6

58. (Unesp-SP) Em todos os 25 finais de semana do primeiro semestre de certo ano, Maira irá convidar duas de suas amigas para ir à sua casa de praia, sendo que nunca o mesmo par de amigas se repetirá durante esse período. Respeitadas essas condições, determine o menor número possível de amigas que ela poderá convidar.

Dado: $\sqrt{201} \cong 14,2$.

59. (UF-MT) Braille é o sistema de leitura e escrita mais utilizado pelos deficientes visuais em todo o mundo. Esse método tátil consiste em pontos em relevo, dispostos de maneiras diferentes para cada letra do alfabeto, números, símbolos e pontuação.

A unidade de leitura onde são assinalados os pontos para representar cada algarismo é denominada CELA. A figura abaixo ilustra uma CELA.

Admita que na ilustração abaixo estão as representações dos algarismos da base decimal nesse sistema.

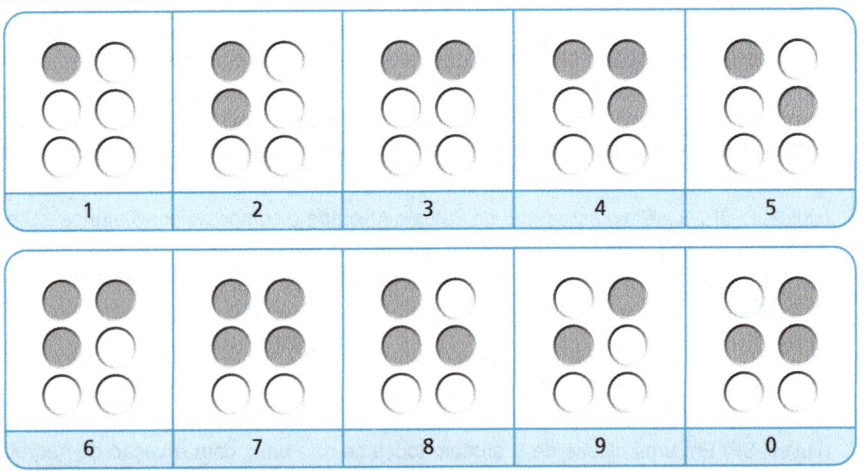

(Adaptado da revista Galileu, maio/2005, p. 82.)

A partir das informações acima, quantas celas distintas, no sistema Braille, podem ser assinaladas com 1, 2, 3 e 4 pontos e NÃO representam algarismos da base decimal?

a) 78   b) 109   c) 380   d) 46   e) 506

QUESTÕES DE VESTIBULARES

60. (Mackenzie-SP) Em um escritório, onde trabalham 6 mulheres e 8 homens, pretende-se formar uma equipe de trabalho com 4 pessoas, com a presença de pelo menos uma mulher. O número de formas distintas de se compor essa equipe é:
    a) 721
    b) 1111
    c) 841
    d) 931
    e) 1001

61. (ITA-SP) Dentre 4 moças e 5 rapazes deve-se formar uma comissão de 5 pessoas com, pelo menos, 1 moça e 1 rapaz. De quantas formas distintas tal comissão poderá ser formada?

62. (UF-PE) Um escritório tem 7 copiadoras e 8 funcionários que podem operá-las. Calcule o número m de maneiras de se copiar simultaneamente (em máquinas distintas, sendo operadas por funcionários diferentes) 5 trabalhos idênticos neste escritório. Indique a soma dos dígitos de m.

63. (UF-RN) A figura ao lado mostra um quadro com sete lâmpadas fluorescentes, as quais podem estar acesas ou apagadas, independentemente umas das outras. Cada uma das situações possíveis corresponde a um sinal de um código.
    Nesse caso, o número total de sinais possíveis é:
    a) 21
    b) 42
    c) 128
    d) 256

64. (FGV-SP) Três números inteiros distintos de −20 a 20 foram escolhidos de forma que seu produto seja um número negativo. O número de maneiras diferentes de se fazer essa escolha é:
    a) 4940
    b) 4250
    c) 3820
    d) 3640
    e) 3280

65. (FEI-SP) Uma instituição de ensino possui um conselho formado por 10 membros, sendo $\frac{3}{5}$ professores e os demais estudantes. Quantas comissões compostas de exatamente 4 membros podem ser formadas contendo no máximo 3 professores?
    a) 194
    b) 80
    c) 195
    d) 85
    e) 210

66. (UE-GO) Na cantina "Canto Feliz", surgiram as seguintes vagas de trabalho: duas para serviços de limpeza, cinco para serviços de balcão, quatro para serviços de entregador e uma para serviços gerais. Para preencher essas vagas, candidataram-se 23 pessoas: oito para a função de limpeza, sete para a de balconista, seis para a de entregador e duas para serviços gerais. Considerando todas as possibilidades de seleção desses candidatos, determine o número total dessas possibilidades.

67. (Unifesp-SP) Quatro pessoas vão participar de um torneio em que os jogos são disputados entre duplas. O número de grupos com duas duplas, que podem ser formados com essas 4 pessoas, é:
a) 3
b) 4
c) 6
d) 8
e) 12

68. (Mackenzie-SP)

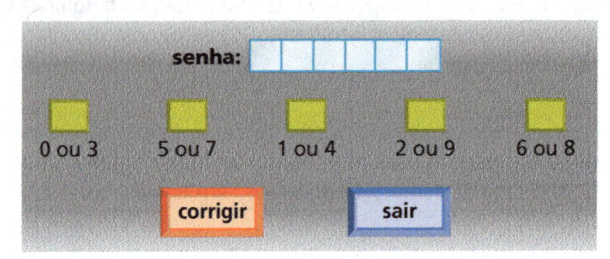

Ao utilizar o caixa eletrônico de um banco, o usuário digita sua senha numérica em uma tela como mostra a figura. Os dez algarismos (0, 1, 2, 3, 4, 5, 6, 7, 8, 9) são associados aleatoriamente a cinco botões, de modo que a cada botão correspondam dois algarismos, indicados em ordem crescente. O número de maneiras diferentes de apresentar os dez algarismos na tela é:

a) $\dfrac{10!}{2^5}$
b) $\dfrac{10!}{5}$
c) $2^5 \cdot 5!$
d) $2^5 \cdot 10!$
e) $\dfrac{10!}{2^2}$

69. (UF-CE) De quantas maneiras podemos distribuir doze livros distintos entre quatro alunos de modo que cada um receba três livros?
a) 369 600
b) 30 600
c) 10 000
d) 220
e) 144

70. (UF-ES) Uma rede de lojas de eletrodomésticos tem 50 vendedores. Deseja-se escolher 3 desses vendedores para trabalhar em 3 lojas, uma no bairro Jardim da Santa, outra no bairro Praia da Beira e a outra no Centro. Cada uma das 3 lojas deverá ficar com um, e apenas um, dos 3 vendedores. O número de possíveis maneiras de fazer essa escolha é:
a) 300
b) 19 600
c) 39 200
d) 58 800
e) 117 600

71. (UF-PI) De quantas maneiras podemos dividir R$ 200,00 em notas de R$ 2,00 e de R$ 5,00, se pelo menos uma nota de cada valor tem que ser usada?
a) 15
b) 16
c) 17
d) 18
e) 19

72. (FGV-SP) O total de maneiras de distribuirmos n objetos diferentes em duas caixas diferentes de forma que nenhuma delas fique vazia é igual a:
a) 2^{n-1}
b) 2^{n-2}
c) $2^n - 1$
d) $2^n - 2$
e) 2^n

73. (Mackenzie-SP) Euromillions é um jogo europeu de loteria. A figura representa um cartão de apostas. O ganhador precisa acertar cinco números sorteados de 1 a 50 (setor A) e também dois números sorteados de 1 a 9 (setor B). O número de maneiras diferentes de se apostar, escolhendo 5 números no setor A e 2 no setor B, é:

a) $\dfrac{50!}{5!} \cdot \dfrac{9!}{2!}$

b) $\dfrac{50!}{5!} + \dfrac{9!}{2!}$

c) $\dfrac{50!}{5!\,45!} \cdot \dfrac{9!}{2!\,7!}$

d) $\dfrac{50!}{5!\,45!} + \dfrac{9!}{2!\,7!}$

e) $50! \cdot 9!$

74. (Mackenzie-SP) Tendo-se 5 objetos diferentes e 7 caixas numeradas de 1 a 7, o número de formas distintas de se guardar um objeto em cada caixa é:
a) 2520
b) 7^5
c) 5^7
d) 1260
e) 840

75. (Fuvest-SP) Seja n um número inteiro, $n \geq 0$.
a) Calcule de quantas maneiras distintas n bolas idênticas podem ser distribuídas entre Luís e Antônio.
b) Calcule de quantas maneiras distintas n bolas idênticas podem ser distribuídas entre Pedro, Luís e Antônio.

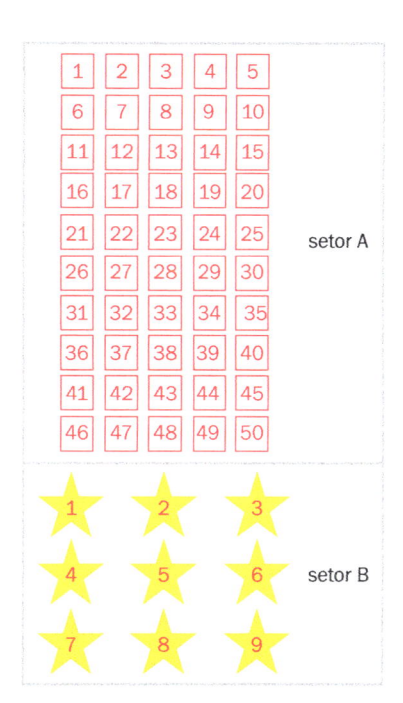

c) Considere, agora, um número natural k tal que 0 ⩽ k ⩽ n. Supondo que cada uma das distribuições do item b) tenha a mesma chance de ocorrer, determine a probabilidade de que, após uma dada distribuição, Pedro receba uma quantidade de bolas maior ou igual a k.

Observação: Nos itens a) e b), consideram-se válidas as distribuições nas quais uma ou mais pessoas não recebam bola alguma.

76. (Fuvest-SP) Uma lotação possui três bancos para passageiros, cada um com três lugares, e deve transportar os três membros da família Sousa, o casal Lúcia e Mauro e mais quatro pessoas. Além disso,

1. a família Sousa quer ocupar um mesmo banco;

2. Lúcia e Mauro querem sentar-se lado a lado.

Nessas condições, o número de maneiras distintas de dispor os nove passageiros na lotação é igual a:

a) 928
b) 1152
c) 1828
d) 2412
e) 3456

Binômio de Newton

77. (FGV-SP) A soma dos coeficientes de todos os termos do desenvolvimento de $(x - 2y)^{18}$ é igual a:

a) 0
b) 1
c) 19
d) −1
e) −19

78. (UF-PE) No desenvolvimento binomial de $\left(1 + \dfrac{1}{3}\right)^{10}$, quantas parcelas são números inteiros?

79. (UF-MA) O termo racional do desenvolvimento de $\left(\sqrt[5]{5} + \sqrt[3]{2}\right)^8$ é:

a) 1120
b) 480
c) 560
d) 360
e) 280

80. (UF-CE) O símbolo $\binom{n}{k}$ indica a combinação de n objetos k a k. O valor de $x^2 - y^2$ quando

$$x = 4^{20} \sum_{k=0}^{20} \binom{20}{k} \cdot \left(\dfrac{3}{4}\right)^k \text{ e } y = 5^{20} \sum_{k=0}^{20} \binom{20}{k} \cdot \left(\dfrac{2}{5}\right)^k \text{ é igual a:}$$

a) 0
b) −1
c) −5
d) −25
e) −125

81. (ITA-SP) A expressão $(2\sqrt{3} + \sqrt{5})^5 - (2\sqrt{3} - \sqrt{5})^5$ é igual a:

a) $2630\sqrt{5}$
b) $2690\sqrt{5}$
c) $2712\sqrt{5}$
d) $1584\sqrt{15}$
e) $1604\sqrt{15}$

82. (FGV-SP) O termo independente de x do desenvolvimento de $\left(x + \dfrac{1}{x^3}\right)^{12}$ é:

a) 26
b) 169
c) 220
d) 280
e) 310

83. (FGV-SP) Sendo k um número real positivo, o terceiro termo do desenvolvimento de $(-2x + k)^{12}$, ordenado segundo expoentes decrescentes de x, é $66x^{10}$. Assim, é correto afirmar que k é igual a:

a) $\dfrac{1}{66}$
b) $\dfrac{1}{64}$
c) $\dfrac{1}{58}$
d) $\dfrac{1}{33}$
e) $\dfrac{1}{32}$

84. (Fatec-SP) Para que o termo médio do desenvolvimento do binômio $(\operatorname{sen} x + \cos x)^6$, segundo as potências [de expoentes] decrescentes de sen x, seja igual a $\dfrac{5}{2}$, o arco x deve ter sua extremidade pertencente ao:

a) primeiro ou segundo quadrantes.
b) primeiro ou terceiro quadrantes.
c) segundo ou terceiro quadrantes.
d) eixo das abscissas.
e) eixo das ordenadas.

85. (UE-CE) O coeficiente de x^9 no desenvolvimento de $\left(x^3 + \dfrac{1}{x}\right)^7$ é:

a) 25
b) 30
c) 35
d) 40

86. (Mackenzie-SP) O "Triângulo Aritmético de Pascal" é uma tabela, onde estão dispostos, ordenadamente, os coeficientes binomiais $\binom{n}{p}$, conforme representado abaixo.

linha 1 $\qquad \binom{0}{0}$

linha 2 $\qquad \binom{1}{0} \quad \binom{1}{1}$

linha 3 $\qquad \binom{2}{0} \quad \binom{2}{1} \quad \binom{2}{2}$

linha 4 $\quad \binom{3}{0} \quad \binom{3}{1} \quad \binom{3}{2} \quad \binom{3}{3}$

QUESTÕES DE VESTIBULARES

Sendo S_i a soma dos elementos de uma linha i qualquer, consideradas n linhas, a soma $S_1 + S_2 + ... + S_n$ é igual a:

a) 2^{n-1}

b) $2^n - 1$

c) 2^n

d) $2^n + 1$

e) 2^{n+1}

87. (UE-CE) A arte de mosaico teve seu início aproximadamente em 3500 a.C. e seu apogeu no século VI d.C., durante o império Bizantino. O mosaico consiste na formação de uma figura com pequenas peças (pedras, vidros, etc.) colocadas sobre o cimento fresco de uma parede ou de um piso. No Brasil o mosaico foi utilizado, entre outros, por Cândido Portinari, Di Cavalcanti e Tomie Ohtake em diversas obras. Ele ainda é utilizado, principalmente na construção civil em imensos painéis, na decoração de piscinas e em pisos e paredes dos mais diversos ambientes.

Admirador desta arte, um famoso milionário contratou um renomado artista para decorar o piso de sua casa de campo com mosaicos. Inspirado nos trabalhos de Escher, o artista decidiu construir o mosaico colorindo os números do triângulo de Pascal (veja as figuras abaixo) que são múltiplos de dois. O triângulo de Pascal é constituído pelos termos binomiais $\binom{n}{p} = C_{n,p} = \dfrac{n!}{p!(n-p)!}$.

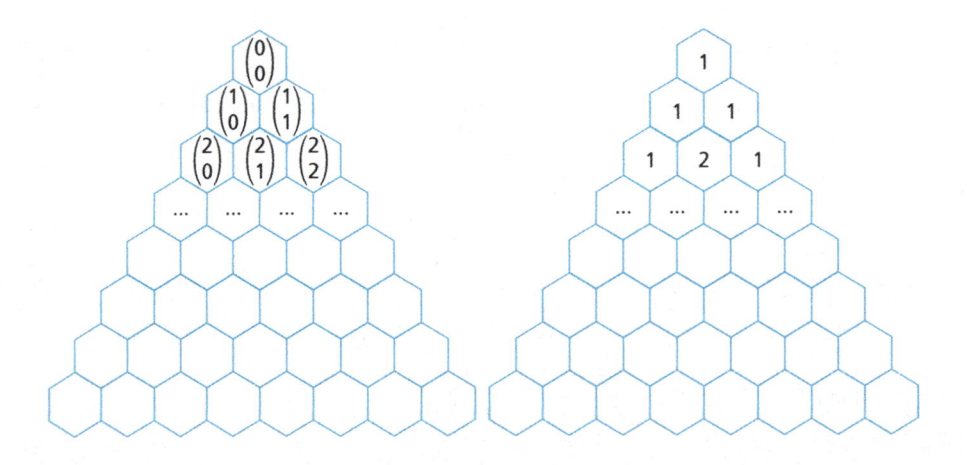

Completando o triângulo de Pascal da página anterior colorindo os múltiplos de 2, obtém-se a figura idealizada pelo artista, representada na alternativa.

a)

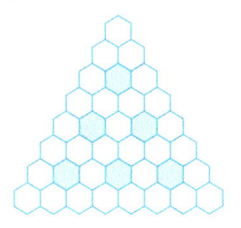

d)

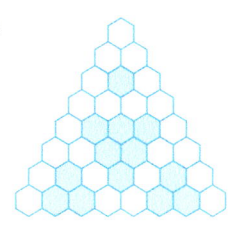

b)

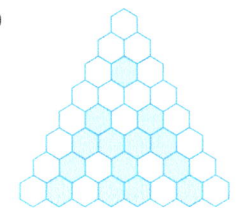

e)

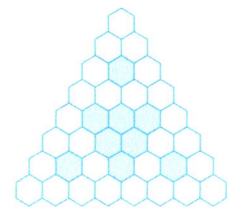

c)

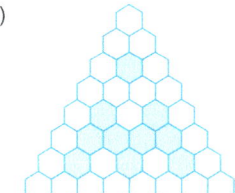

88. (Mackenzie-SP) Se $k = i^1 + i^2 + ... + i^n$, $i^2 = -1$ e se n é o número binomial $\binom{9}{4}$, então k é igual a:

a) 1
b) −1
c) −1 + i
d) i
e) 0

Probabilidade

89. (PUC-RS) Arquimedes, candidato a um dos cursos da Faculdade de Engenharia, visitou a PUC-RS para colher informações. Uma das constatações que fez foi a de que existe grande proximidade entre Engenharia e Matemática.
Arquimedes ingressou no prédio 30 da PUC-RS pensando na palavra ENGENHARIA. Se as letras desta palavra forem colocadas em uma urna, a probabilidade de se retirar uma letra **E** será:

a) 2
b) $\frac{1}{10}$
c) $\frac{1}{9}$
d) $\frac{2}{5}$
e) $\frac{1}{5}$

QUESTÕES DE VESTIBULARES

90. (UE-CE) Um dado tem duas faces pintadas em azul, duas em amarelo, uma em preto e uma em vermelho. Jogando o dado, a probabilidade de obter a cor azul é:

a) $\dfrac{1}{6}$ c) $\dfrac{1}{2}$ e) $\dfrac{5}{6}$

b) $\dfrac{1}{3}$ d) $\dfrac{2}{3}$

91. (UF-AM) No ano de 2011, julho terá cinco sextas-feiras, cinco sábados e cinco domingos.

JULHO						
DOM	SEG	TER	QUA	QUI	SEX	SAB
					1	2
3	4	5	6	7	8	9
10	11	12	13	14	15	16
17	18	19	20	21	22	23
24	25	26	27	28	29	30
31						

Se escolhermos ao acaso um dia do mês de julho de 2011, a probabilidade de este dia ser um domingo é aproximadamente:

a) 12,23%

b) 14,28%

c) 16,13%

d) 16,66%

e) 19,35%

92. (Fuvest-SP) Dois dados cúbicos, não viciados, com faces numeradas de 1 a 6, serão lançados simultaneamente. A probabilidade de que sejam sorteados dois números consecutivos, cuja soma seja um número primo, é de:

a) $\dfrac{2}{9}$ c) $\dfrac{4}{9}$ e) $\dfrac{2}{3}$

b) $\dfrac{1}{3}$ d) $\dfrac{5}{9}$

93. (Fatec-SP) Em uma urna há dezoito bolas amarelas, algumas bolas vermelhas e outras bolas brancas, todas indistinguíveis pelo tato, e sabe-se que a quantidade de bolas brancas é igual ao dobro das bolas vermelhas.
Se a probabilidade de se retirar, ao acaso, uma bola amarela da urna é $\dfrac{2}{5}$, a quantidade de bolas vermelhas que há na urna é:

a) 8

b) 9

c) 12

d) 18

e) 24

94. (UE-CE) Em uma urna existem 10 bolas brancas, 5 azuis e 2 pretas. Assinale a alternativa que apresenta o número mínimo de bolas que devem ser retiradas da urna, uma após outra sem olhar a cor, para termos certeza de que com a retirada da próxima bola teremos retirado, obrigatoriamente, uma bola branca.
a) 7
b) 8
c) 10
d) 11

95. (UFF-RJ) Em ciências atuariais, uma *tábua da vida* é uma tabela, construída a partir de censos populacionais, que mostra a probabilidade de morte de um indivíduo em uma certa faixa etária. Tábuas da vida são usadas em planos de previdência e seguros de vida.
A tábua da vida abaixo indica, por exemplo, que um indivíduo entre 1 ano (inclusive) e 2 anos (exclusive) tem 0,05% de chance de morrer.

Faixa etária [x, x + 1)	[0,1)	[1,2)	[2,3)	[3,4)	[4,5)	[5,6)	[6,7)	[7,8)	[8,9)	[9,10)
Probabilidade de morrer em %	0,69	0,05	0,03	0,03	0,02	0,02	0,02	0,01	0,01	0,01

Fonte: National Vital Statistics Reports, vol. 54, No. 14, 2006.

Supondo-se que existe um grupo de 1 000 000 pessoas que acabaram de completar 2 anos, segundo esta tabela, o número de pessoas deste grupo que farão aniversário de 3 anos é igual a:
a) 997 000
b) 999 500
c) 999 700
d) 999 950
e) 999 970

96. (U. F. São Carlos-SP) A figura mostra a vista superior de uma caixa quadrada aberta (vazia), que está dividida em seis compartimentos por divisórias de igual altura. Cada um dos retângulos D, E e F da base tem o dobro da área de cada um dos quadrados A, B e C. Uma bolinha é jogada aleatoriamente na caixa e cai em um dos seis compartimentos. Nesse caso, a probabilidade de ela cair no compartimento de base F é:

A	D
B	E
C	F

a) $\dfrac{1}{12}$
b) $\dfrac{1}{8}$
c) $\dfrac{1}{6}$
d) $\dfrac{2}{11}$
e) $\dfrac{2}{9}$

97. (PUC-RJ) João joga um dado comum de seis lados uma vez, anota o resultado e joga o dado novamente.
a) Qual a probabilidade de que o segundo número sorteado seja igual ao primeiro?
b) Qual a probabilidade de que o segundo número sorteado seja maior do que o primeiro?

QUESTÕES DE VESTIBULARES

98. (PUC-SP) Em uma urna há 10 cartões, cada qual marcado com apenas um dos números: 2, 5, 6, 7, 9, 13, 14, 19, 21 e 24. Para compor uma potência, devem ser sorteados sucessivamente e sem reposição dois cartões: no primeiro o número assinalado deverá corresponder à base da potência e no segundo, ao expoente. Assim, a probabilidade de que a potência obtida seja equivalente a um número par é de:

a) 45%   c) 35%   e) 25%
b) 40%   d) 30%

99. (FGV-SP) Extraímos uma bola da urna representada abaixo, anotamos o seu número e devolvemos à urna. Retiramos uma segunda bola, anotamos o seu número e o adicionamos ao anterior. Qual é a probabilidade de que a soma seja 4?

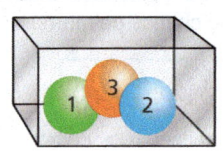

100. (FGV-RJ) Em um grupo de 300 pessoas sabe-se que:
- 50% aplicam dinheiro em caderneta de poupança.
- 30% aplicam dinheiro em fundos de investimento.
- 15% aplicam dinheiro em caderneta de poupança e fundos de investimento simultaneamente.

Sorteando uma pessoa desse grupo, a probabilidade de que ela não aplique em caderneta de poupança nem em fundos de investimento é:

a) 0,05   b) 0,20   c) 0,35   d) 0,50   e) 0,65

101. (UF-PE) Certa urna contém cinco bolas numeradas com os valores 3, 5, 7, 11 e 13. Uma bola é retirada da urna e não é reposta; a seguir, uma segunda bola também é retirada. Qual a probabilidade de a média aritmética dos números das bolas retiradas ser um número primo?

a) 28%   c) 24%   e) 20%
b) 26%   d) 22%

102. (PUC-RS) Numa roleta, há números de 0 a 36. Supondo que a roleta não seja viciada, então a probabilidade de o número sorteado ser maior do que 25 é:

a) $\dfrac{11}{36}$ c) $\dfrac{25}{36}$ e) $\dfrac{12}{37}$

b) $\dfrac{11}{37}$ d) $\dfrac{25}{37}$

103. (Enem-MEC) Rafael mora no Centro de uma cidade e decidiu se mudar, por recomendações médicas, para uma das regiões: Rural, Comercial, Residencial Urbano ou Residencial Suburbano. A principal recomendação médica foi com as temperaturas das "ilhas de calor" da região, que deveriam ser inferiores a 31 °C. Tais temperaturas são apresentadas no gráfico:

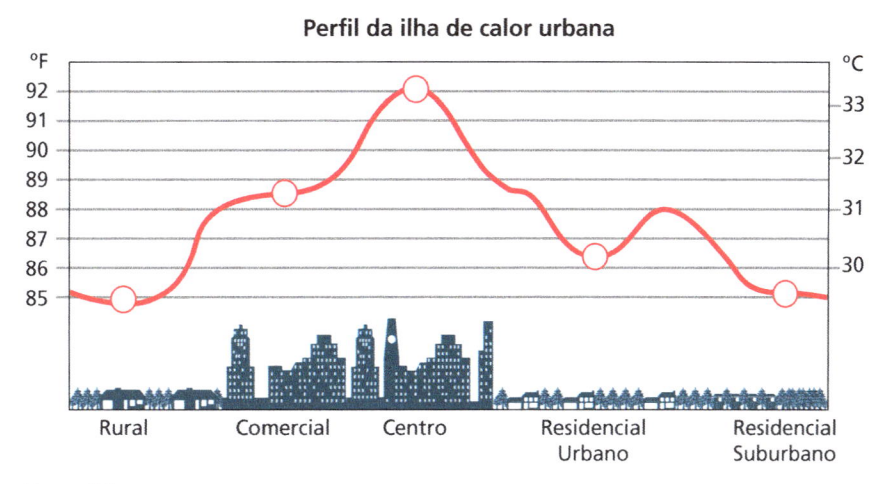

Perfil da ilha de calor urbana

Fonte: EPA

Escolhendo, aleatoriamente, uma das outras regiões para morar, a probabilidade de ele escolher uma região que seja adequada às recomendações médicas é:

a) $\dfrac{1}{5}$ c) $\dfrac{2}{5}$ e) $\dfrac{3}{4}$

b) $\dfrac{1}{4}$ d) $\dfrac{3}{5}$

104. (Enem-MEC) Todo o país passa pela primeira fase de campanha de vacinação contra a gripe suína (H1N1). Segundo um médico infectologista do Instituto Emílio Ribas, de São Paulo, a imunização "deve mudar", no país, a história da epidemia. Com a vacina, de acordo com ele, o Brasil tem a chance de barrar uma tendência do crescimento da doença, que já matou 17 mil no mundo. A tabela apresenta dados específicos de um único posto de vacinação.

CAMPANHA DE VACINAÇÃO CONTRA A GRIPE SUÍNA		
Datas da vacinação	Público-alvo	Quantidade de pessoas vacinadas
8 a 19 de março	Trabalhadores da saúde e indígenas	42
22 de março a 2 de abril	Portadores de doenças crônicas	22
5 a 23 de abril	Adultos saudáveis entre 20 e 29 anos	56
24 de abril a 7 de maio	População com mais de 60 anos	30
10 a 21 de maio	Adultos saudáveis entre 30 e 39 anos	50

Disponível em: http://img.terra.com.br. Acesso em: 26 abr. 2010 (adaptado).

QUESTÕES DE VESTIBULARES

Escolhendo-se aleatoriamente uma pessoa atendida nesse posto de vacinação, a probabilidade de ela ser portadora de doença crônica é:

a) 8%
b) 9%
c) 11%
d) 12%
e) 22%

105. (UF-PI) Dois dados não viciados são lançados simultaneamente. Nas afirmações abaixo coloque V (verdadeiro) ou F (falso).

1 A probabilidade de que a soma dos pontos obtidos seja 11 é $\frac{1}{18}$.

2 A probabilidade de que a diferença dos pontos obtidos seja divisível por 3 é $\frac{1}{4}$.

3 A probabilidade de que o produto dos pontos obtidos seja um quadrado perfeito é $\frac{2}{9}$.

4 A probabilidade de que a soma dos pontos obtidos seja um número primo ímpar é de $\frac{7}{18}$.

106. (FGV-SP) Dois números distintos m e n são retirados aleatoriamente do conjunto {2, 2^2, 2^3, ..., 2^{10}}. A probabilidade de que $\log_m n$ seja um número inteiro é:

a) $\frac{8}{45}$
b) $\frac{17}{90}$
c) $\frac{1}{5}$
d) $\frac{19}{90}$
e) $\frac{2}{9}$

107. (FGV-SP) Uma urna contém bolas numeradas de 1 até 10 000. Sorteando-se ao acaso uma delas, a probabilidade de que o algarismo mais à esquerda do número marcado na bola seja 1, é igual a:

a) 11,02%
b) 11,11%
c) 11,12%
d) 12,21%
e) 21,02%

108. (FGV-SP) Considere, no plano cartesiano, o pentágono ABCDE, de vértices A(0, 2), B(4, 0), C(2π + 1, 0), D(2π + 1, 4) e E(0, 4).

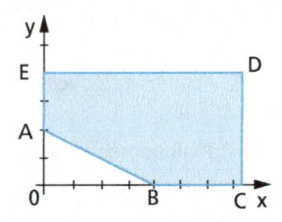

Escolhendo aleatoriamente um ponto P no interior desse pentágono, a probabilidade de que o ângulo $A\hat{P}B$ seja obtuso é igual a:

a) $\frac{1}{5}$
b) $\frac{1}{4}$
c) $\frac{5}{16}$
d) $\frac{3}{8}$
e) $\frac{4}{5}$

QUESTÕES DE VESTIBULARES

109. (FGV-SP) Ana sorteia, aleatoriamente, dois números distintos do conjunto {1, 2, 3, 4, 5}, e Pedro sorteia, aleatoriamente, um número do conjunto {1, 2, 3, 4, 5, 6, 7, 8, 9, 10}. A probabilidade de que o número sorteado por Pedro seja maior do que a soma dos dois números sorteados por Ana é igual a:

a) 25%
b) 40%
c) 45%
d) 50%
e) 60%

110. (UE-CE) Dois dados, cada um com seis faces numeradas de 1 a 6, são lançados, simultaneamente, sobre uma mesa. Podemos ler, nas faces viradas para cima, os números x e y. O número de possíveis valores para a soma x + y é:

a) 13
b) 12
c) 11
d) 10

111. (UF-GO) Segundo uma pesquisa realizada no Brasil sobre a preferência de cor de carros, a cor prata domina a frota de carros brasileiros, representando 31%, seguida pela cor preta, com 25%, depois a cinza, com 16% e a branca, com 12%. Com base nestas informações, tomando um carro ao acaso, dentre todos os carros brasileiros de uma dessas quatro cores citadas, qual a probabilidade de ele não ser cinza?

a) $\dfrac{4}{25}$
b) $\dfrac{4}{17}$
c) $\dfrac{17}{25}$
d) $\dfrac{37}{50}$
e) $\dfrac{17}{21}$

112. (Fuvest-SP) Um dado cúbico, não viciado, com faces numeradas de 1 a 6, é lançado três vezes. Em cada lançamento, anota-se o número obtido na face superior do dado, formando-se uma sequência (a, b, c). Qual é a probabilidade de que b seja sucessor de a ou que c seja sucessor de b?

a) $\dfrac{4}{27}$
b) $\dfrac{11}{54}$
c) $\dfrac{7}{27}$
d) $\dfrac{10}{27}$
e) $\dfrac{23}{54}$

113. (Fuvest-SP) Considere todos os pares ordenados de números naturais (a, b), em que 11 ≤ a ≤ 22 e 43 ≤ b ≤ 51. Cada um desses pares ordenados está escrito em um cartão diferente. Sorteando-se um desses cartões ao acaso, qual é a probabilidade de que se obtenha um par ordenado (a, b) de tal forma que a fração $\dfrac{a}{b}$ seja irredutível e com denominador par?

a) $\dfrac{7}{27}$
b) $\dfrac{13}{54}$
c) $\dfrac{6}{27}$
d) $\dfrac{11}{54}$
e) $\dfrac{5}{27}$

QUESTÕES DE VESTIBULARES

114. (UF-GO) Um jogo de memória é formado por seis cartas, conforme as figuras que seguem:

Após embaralhar as cartas e virar as suas faces para baixo, o jogador deve buscar cartas iguais, virando exatamente duas. A probabilidade de ele retirar, ao acaso, duas cartas iguais na primeira tentativa é de:

a) $\dfrac{1}{2}$ c) $\dfrac{1}{4}$ e) $\dfrac{1}{6}$

b) $\dfrac{1}{3}$ d) $\dfrac{1}{5}$

115. (UF-GO) A figura abaixo mostra os diversos caminhos que podem ser percorridos entre as cidades A, B, C e D e os valores dos pedágios desses percursos.

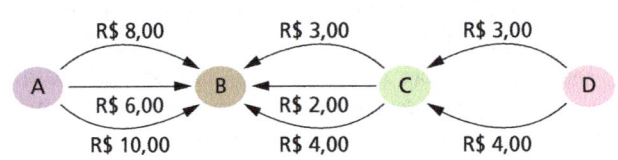

Dois carros partem das cidades A e D, respectivamente, e se encontram na cidade B. Sabendo-se que eles escolhem os caminhos ao acaso, a probabilidade de que ambos gastem a mesma quantia com os pedágios é:

a) $\dfrac{1}{18}$ b) $\dfrac{1}{9}$ c) $\dfrac{1}{6}$ d) $\dfrac{1}{2}$ e) $\dfrac{2}{3}$

116. (UF-RS) Na biblioteca de uma universidade, há uma sala que contém apenas livros de Matemática e livros de Física. O número de livros de Matemática é o dobro do número de livros de Física. São dirigidos ao Ensino Médio 4% dos livros de Matemática e 4% dos livros de Física. Escolhendo-se ao acaso um dos livros dirigidos ao Ensino Médio, a probabilidade de que ele seja de Matemática é:

a) $\dfrac{3}{8}$ c) $\dfrac{5}{8}$ e) $\dfrac{5}{6}$

b) $\dfrac{1}{2}$ d) $\dfrac{2}{3}$

117. (Fatec-SP) No lançamento de um dado, seja p_k a probabilidade de se obter o número k, com:
$p_1 = p_3 = p_5 = x$ e $p_2 = p_4 = p_6 = y$
Se, num único lançamento, a probabilidade de se obter um número menor ou igual a três é $\dfrac{3}{5}$, então $x - y$ é igual a:

a) $\dfrac{1}{15}$ c) $\dfrac{1}{5}$ e) $\dfrac{1}{3}$

b) $\dfrac{2}{15}$ d) $\dfrac{4}{15}$

118. (UF-PE) Em uma pesquisa sobre o consumo associado de biscoito e manteiga, foram entrevistados 6000 consumidores e obteve-se o resultado a seguir:
- 4500 compram biscoito.
- 3500 compram manteiga.
- 1200 não compram biscoito nem manteiga.

Se escolhermos, aleatoriamente, um dos entrevistados, qual a probabilidade percentual de ele comprar manteiga e não comprar biscoito?
a) 9%
b) 8%
c) 7%
d) 6%
e) 5%

119. (UF-PR) Dois matemáticos saíram para comer uma pizza. Para decidir quem pagaria a conta, eles resolveram lançar uma moeda 4 vezes: se NÃO aparecessem duas caras seguidas, Alfredo pagaria a conta, caso contrário Orlando pagaria. Qual é a probabilidade de Alfredo pagar a conta?
a) $\dfrac{7}{16}$
b) $\dfrac{3}{4}$
c) $\dfrac{5}{8}$
d) $\dfrac{1}{2}$
e) $\dfrac{9}{16}$

120. (FGV-SP) Em um grupo de turistas, 40% são homens. Se 30% dos homens e 50% das mulheres desse grupo são fumantes, a probabilidade de que um turista fumante seja mulher é igual a:
a) $\dfrac{5}{7}$
b) $\dfrac{3}{10}$
c) $\dfrac{2}{7}$
d) $\dfrac{1}{2}$
e) $\dfrac{7}{10}$

121. (FGV-RJ)
a) Em um laboratório, uma caixa contém pequenas peças de mesma forma, tamanho e massa. As peças são numeradas, e seus números formam uma progressão aritmética:

5, 10, 15, ..., 500

Se retirarmos ao acaso uma peça da caixa, qual é a probabilidade, expressa em porcentagem, de obtermos um número maior que 101?
b) Explique por que podemos afirmar que 101! + 19 não é um número primo.

122. (Unifesp-SP) Três dados honestos são lançados. A probabilidade de que os três números sorteados possam ser posicionados para formar progressões aritméticas de razão 1 ou 2 é:
a) $\dfrac{1}{36}$
b) $\dfrac{1}{9}$
c) $\dfrac{1}{6}$
d) $\dfrac{7}{36}$
e) $\dfrac{5}{18}$

QUESTÕES DE VESTIBULARES

123. (UF-RS) O Google, *site* de buscas na internet criado há onze anos, usa um modelo matemático capaz de entregar resultados de pesquisas de forma muito eficiente. Na rede mundial de computadores, são realizadas, a cada segundo, 30 000 buscas, em média. A tabela abaixo apresenta a distribuição desse total entre os maiores *sites* de busca.

Sites	Buscas
Google	21 000
Yahoo	2 700
Microsoft	800
Outros	5 500
Total	30 000

De acordo com esses dados, se duas pessoas fazem simultaneamente uma busca na internet, a probabilidade de que pelo menos uma delas tenha usado o Google é:
a) 67%   b) 75%   c) 83%   d) 91%   e) 99%

124. (UF-GO) Um grupo de 150 pessoas é formado por 28% de crianças, enquanto o restante é composto de adultos. Classificando esse grupo por sexo, sabe-se que $\frac{1}{3}$ dentre os de sexo masculino é formado por crianças e que $\frac{1}{5}$ entre os de sexo feminino também é formado por crianças. Escolhendo ao acaso uma pessoa nesse grupo, calcule a probabilidade dessa pessoa ser uma criança do sexo feminino.

125. (FEI-SP) Três dados honestos, com faces numeradas de 1 a 6, são lançados simultaneamente. A probabilidade de obter três números pares é:
a) $\frac{1}{8}$ b) $\frac{1}{27}$ c) $\frac{9}{216}$ d) $\frac{5}{216}$ e) $\frac{1}{3}$

126. (UF-PE) Se *b* e *c* são naturais escolhidos aleatoriamente no conjunto {1, 2, 3, ..., 10}, qual a probabilidade percentual de as raízes da equação $x^2 + bx + c = 0$ não serem reais?

127. (UE-RJ) Os baralhos comuns são compostos de 52 cartas divididas em quatro naipes, denominados copas, espadas, paus e ouros, com treze cartas distintas de cada um deles.
Observe a figura que mostra um desses baralhos [algumas cartas], no qual as cartas representadas pelas letras A, J, Q e K são denominadas, respectivamente, ás, valete, dama e rei.

Uma criança rasgou algumas cartas desse baralho, e as *n* cartas restantes, não rasgadas, foram guardadas em uma caixa.

A tabela abaixo apresenta as probabilidades de retirar-se dessa caixa, ao acaso, as seguintes cartas:

Carta	Probabilidade
um rei	0,075
uma carta de copas	0,25
uma carta de copas ou rei	0,3

Calcule o valor de *n*.

128. (UF-PA) De um refrigerador que tem em seu interior 3 refrigerantes da marca A, 4 refrigerantes da marca B e 5 refrigerantes da marca C, retiram-se dois refrigerantes sem observar a marca. A probabilidade de que os dois retirados sejam da mesma marca é:

a) $\dfrac{1}{6}$ c) $\dfrac{19}{66}$ e) $\dfrac{3}{11}$

b) $\dfrac{5}{33}$ d) $\dfrac{7}{22}$

129. (PUC-RS) *Tales, um aluno do Curso de Matemática, depois de terminar o semestre com êxito, resolveu viajar para a Europa. A chegada ao Velho Continente foi em Portugal.*
Uma empresa de turismo portuguesa ofereceu ao estudante brasileiro roteiros diferentes numerados de 1 a 6, dos quais ele deveria escolher dois. A probabilidade de Tales escolher os roteiros de números 3 e 4 é:

a) $\dfrac{1}{6}$ b) $\dfrac{1}{12}$ c) $\dfrac{1}{15}$ d) $\dfrac{1}{30}$ e) $\dfrac{1}{36}$

130. (ITA-SP) Dez cartões estão numerados de 1 a 10. Depois de embaralhados, são formados dois conjuntos de 5 cartões cada. Determine a probabilidade de que os números 9 e 10 apareçam num mesmo conjunto.

131. (PUC-MG) A representação de ginastas de certo país compõe-se de 6 homens e 4 mulheres. Com esses 10 atletas, formam-se equipes de 6 ginastas de modo que em nenhuma delas haja mais homens do que mulheres. A probabilidade de uma equipe, escolhida aleatoriamente dentre essas equipes, ter igual número de homens e de mulheres é:

a) $\dfrac{13}{19}$ b) $\dfrac{14}{19}$ c) $\dfrac{15}{19}$ d) $\dfrac{16}{19}$

132. (FGV-SP) Num departamento de uma empresa há 5 funcionários: Alberto, Bernardo, César, Dolores e Eloísa. Dois funcionários são sorteados simultaneamente para formarem uma comissão. A probabilidade de que Eloísa seja sorteada, e César não, vale:

a) $\dfrac{3}{10}$ c) $\dfrac{5}{12}$ e) $\dfrac{7}{14}$

b) $\dfrac{4}{11}$ d) $\dfrac{6}{13}$

QUESTÕES DE VESTIBULARES

133. (UF-PR) Um cadeado com segredo possui três engrenagens, cada uma contendo todos os dígitos de 0 a 9. Para abrir esse cadeado, os dígitos do segredo devem ser colocados numa sequência correta, escolhendo-se um dígito em cada engrenagem. (Exemplo: 237, 366, 593...)
   a) Quantas possibilidades diferentes existem para a escolha do segredo, sabendo que o dígito 3 deve aparecer obrigatoriamente e uma única vez?
   b) Qual é a probabilidade de se escolher um segredo no qual todos os dígitos são distintos e o dígito 3 aparece obrigatoriamente?

134. (Enem-MEC) A população brasileira sabe, pelo menos intuitivamente, que a probabilidade de acertar as seis dezenas da mega-sena não é zero, mas é quase. Mesmo assim, milhões de pessoas são atraídas por essa loteria, especialmente quando o prêmio se acumula em valores altos. Até junho de 2009, cada aposta de seis dezenas, pertencentes ao conjunto {01, 02, 03,..., 59, 60}, custava R$ 1,50.
Disponível em: www.caixa.gov.br.
Acesso em: 7 jul. 2009.

Considere que uma pessoa decida apostar exatamente R$ 126,00 e que esteja mais interessada em acertar apenas cinco das seis dezenas da mega-sena, justamente pela dificuldade desta última. Nesse caso, é melhor que essa pessoa faça 84 apostas de seis dezenas diferentes, que não tenham cinco números em comum, do que uma única aposta com nove dezenas, porque a probabilidade de acertar a quina no segundo caso em relação ao primeiro é, aproximadamente:

a) $1\frac{1}{2}$ vez menor
b) $2\frac{1}{2}$ vezes menor
c) 4 vezes menor
d) 9 vezes menor
e) 14 vezes menor

135. (UF-PE) Oito rapazes e doze moças concorrem ao sorteio de dois prêmios. Serão sorteadas duas dessas pessoas, aleatoriamente, em duas etapas, de modo que o sorteado na primeira etapa concorrerá ao sorteio na segunda etapa. Qual a probabilidade percentual de ser sorteado um par de pessoas de sexos diferentes?

136. (UF-MS) A partir de duas retas paralelas, com distância de 2 cm entre elas, são marcados, em cada uma, três pontos, tais que a distância entre 2 pontos consecutivos é de 3 cm. Dentre todos os triângulos possíveis com vértices nos pontos dados, qual é a probabilidade de escolhermos ao acaso um triângulo de área medindo 3 cm²?

a) $\frac{1}{2}$
b) $\frac{1}{3}$
c) $\frac{1}{4}$
d) $\frac{2}{3}$
e) $\frac{3}{4}$

137. (Fuvest-SP) Uma urna contém 5 bolas brancas e 3 bolas pretas. Três bolas são retiradas ao acaso, sucessivamente, sem reposição. Determine:
   a) a probabilidade de que tenham sido retiradas 2 bolas pretas e 1 bola branca.
   b) a probabilidade de que tenham sido retiradas 2 bolas pretas e 1 bola branca, sabendo-se que as três bolas retiradas não são da mesma cor.

138. (Unemat-MT) Em uma competição há sete candidatos, dois do sexo masculino e cinco do sexo feminino. Para definir os dois primeiros candidatos que irão iniciar a competição, efetuam-se dois sorteios seguidos, sem reposição, a partir de uma urna contendo fichas com os nomes de todos os candidatos.

Nesta situação, a probabilidade de os dois nomes sorteados serem do sexo feminino é de:

a) $\dfrac{10}{21}$ c) $\dfrac{2}{5}$ e) $\dfrac{5}{14}$

b) $\dfrac{7}{21}$ d) $\dfrac{5}{7}$

139. (UE-CE) Quatro pássaros pousam em uma rede de distribuição elétrica que tem quatro fios paralelos.
A probabilidade de que em cada fio pouse apenas um pássaro é:

a) $\dfrac{3}{32}$ c) $\dfrac{1}{24}$ e) $\dfrac{3}{4}$

b) $\dfrac{1}{256}$ d) $\dfrac{1}{4}$

140. (Fatec-SP) Uma turma tem 25 alunos, nos quais 40% são meninas. Considerem todos os grupos de dois alunos que podem ser formados com os alunos dessa turma. Escolhendo-se ao acaso um dos grupos formados, a probabilidade de que ele seja composto por uma menina e um menino é de:

a) $\dfrac{1}{6}$ c) $\dfrac{1}{4}$ e) $\dfrac{1}{2}$

b) $\dfrac{1}{5}$ d) $\dfrac{1}{3}$

141. (FGV-SP) Sorteados ao acaso 3 dentre os 9 pontos marcados no plano cartesiano indicado na figura, a probabilidade de que eles estejam sobre uma mesma reta é:

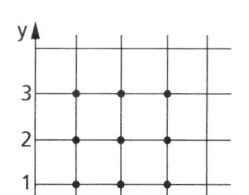

a) $\dfrac{1}{21}$ d) $\dfrac{1}{7}$

b) $\dfrac{1}{14}$ e) $\dfrac{2}{7}$

c) $\dfrac{2}{21}$

142. (FGV-SP) Uma urna contém cinco bolas numeradas com 1, 2, 3, 4 e 5. Sorteando-se ao acaso, e com reposição, três bolas, os números obtidos são representados por x, y e z. A probabilidade de que $xy + z$ seja um número par é de:

a) $\dfrac{47}{125}$ c) $\dfrac{59}{125}$ e) $\dfrac{3}{5}$

b) $\dfrac{2}{5}$ d) $\dfrac{64}{125}$

QUESTÕES DE VESTIBULARES

143. (FGV-SP) Três viajantes solitários param para pernoitar numa cidade que possui 7 hotéis. Se cada viajante escolher ao acaso um hotel, a probabilidade de que escolham três hotéis todos diferentes entre si é:

a) $\dfrac{1}{7^3}$ b) $\dfrac{30}{49}$ c) $\dfrac{27}{35}$ d) $\dfrac{4}{7}$ e) $\dfrac{9}{14}$

144. (Unesp-SP) Numa certa região, uma operadora telefônica utiliza 8 dígitos para designar seus números de telefones, sendo que o primeiro é sempre 3, o segundo não pode ser 0 e o terceiro número é diferente do quarto. Escolhido um número ao acaso, a probabilidade de os quatro últimos algarismos serem distintos entre si é:

a) $\dfrac{63}{125}$ c) $\dfrac{189}{1250}$ e) $\dfrac{7}{125}$

b) $\dfrac{567}{1250}$ d) $\dfrac{63}{1250}$

145. (UF-AM) Um estudante escreveu todos os anagramas da sigla UFAM, cada um em um pedacinho de papel, do mesmo tamanho, e colocou-os em uma caixa vazia. Retirando-se um desses papéis da caixa, ao acaso, a probabilidade de que o anagrama nele escrito tenha as duas vogais juntas é:

a) 25% b) 30% c) 40% d) 50% e) 60%

146. (Unifesp-SP) O recipiente da figura I é constituído de 10 compartimentos idênticos, adaptados em linha. O recipiente da figura II é constituído de 100 compartimentos do mesmo tipo, porém adaptados de modo a formar 10 linhas e 10 colunas. Imagine que vão ser depositadas, ao acaso, 4 bolas idênticas no recipiente da figura 1 e 10 bolas idênticas no recipiente da figura II.

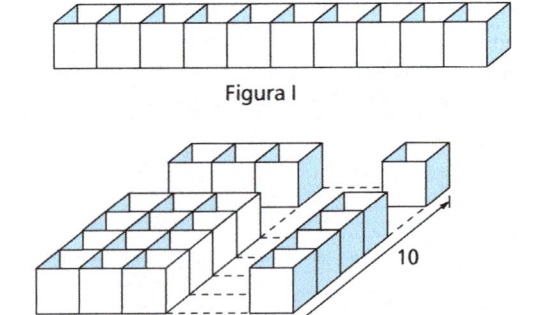

Figura I

Figura II

Com a informação de que em cada compartimento cabe apenas uma bola, determine:
a) a probabilidade de que no primeiro recipiente as 4 bolas fiquem sem compartimentos vazios entre elas.
b) a probabilidade de que no segundo recipiente as 10 bolas fiquem alinhadas.

147. (PUC-RJ) Um baralho tem 26 cartas pretas e 26 cartas vermelhas. As cartas estão ordenadas ao acaso.
a) Retiramos uma carta do baralho completo: qual é a probabilidade de que a carta seja vermelha?
b) Retiramos três cartas do baralho completo: qual a probabilidade de que as três cartas sejam vermelhas?
c) Retiramos três cartas do baralho completo: qual a probabilidade de que duas cartas sejam vermelhas e uma preta?

148. (Unicamp-SP) Um casal convidou seis amigos para assistirem a uma peça teatral. Chegando ao teatro, descobriram que, em cada fila da sala, as poltronas eram numeradas em ordem crescente. Assim, por exemplo, a poltrona 1 de uma fila era sucedida pela poltrona 2 da mesma fila, que, por sua vez, era sucedida pela poltrona 3, e assim por diante.
a) Suponha que as oito pessoas receberam ingressos com numeração consecutiva de uma mesma fila e que os ingressos foram distribuídos entre elas de forma aleatória. Qual a probabilidade de o casal ter recebido ingressos de poltronas vizinhas?
b) Suponha que a primeira fila do teatro tenha 8 cadeiras, a segunda fila tenha 2 cadeiras a mais que a primeira, a terceira fila tenha 2 cadeiras a mais que a segunda e assim sucessivamente até a última fila. Determine o número de cadeiras da sala em função de n, o número de filas que a sala contém. Em seguida, considerando que a sala tem 144 cadeiras, calcule o valor de n.

149. (UF-PE) Cinco cadeiras iguais são alinhadas. Maria escolhe uma delas, aleatoriamente e, com a mesma probabilidade para as cinco cadeiras, senta-se. Em seguida, Pedro escolhe, aleatoriamente, uma cadeira e, com a mesma probabilidade para as quatro cadeiras restantes, senta-se. Qual a probabilidade de Maria e Pedro estarem sentados lado a lado?

a) $\frac{1}{5}$ b) $\frac{2}{5}$ c) $\frac{3}{5}$ d) $\frac{4}{5}$ e) $\frac{5}{6}$

150. (UF-PR) Um grupo de pessoas foi classificado quanto ao peso e pressão arterial, conforme mostrado no quadro a seguir:

PRESSÃO	PESO			
	Excesso	Normal	Deficiente	Total
Alta	0,10	0,08	0,02	0,20
Normal	0,15	0,45	0,20	0,80
Total	0,25	0,53	0,22	1,00

Com base nesses dados, considere as seguintes afirmativas:

1. A probabilidade de uma pessoa escolhida ao acaso nesse grupo ter pressão alta é de 0,20.

2. Se se verifica que uma pessoa escolhida ao acaso, nesse grupo, tem excesso de peso, a probabilidade de ela ter também pressão alta é de 0,40.

3. Se se verifica que uma pessoa escolhida ao acaso, nesse grupo, tem pressão alta, a probabilidade de ela ter também peso normal é de 0,08.

4. A probabilidade de uma pessoa escolhida ao acaso nesse grupo ter pressão normal e peso deficiente é de 0,20.

Assinale a alternativa correta.

a) Somente as alternativas 1, 2 e 3 são verdadeiras.
b) Somente as alternativas 1, 2 e 4 são verdadeiras.
c) Somente as alternativas 1 e 3 são verdadeiras.
d) Somente as alternativas 2, 3 e 4 são verdadeiras.
e) Somente as alternativas 2 e 3 são verdadeiras.

151. (Enem-MEC) O diretor de um colégio leu numa revista que os pés das mulheres estavam aumentando. Há alguns anos, a média do tamanho dos calçados das mulheres era de 35,5 e, hoje, é de 37,0. Embora não fosse uma informação científica, ele ficou curioso e fez uma pesquisa com as funcionárias do seu colégio, obtendo o quadro a seguir:

Tamanho dos calçados	Número de funcionárias
39,0	1
38,0	10
37,0	3
36,0	5
35,0	6

Escolhendo uma funcionária ao acaso e sabendo que ela tem calçado maior que 36,0, a probabilidade de ela calçar 38,0 é:

a) $\dfrac{1}{3}$ b) $\dfrac{1}{5}$ c) $\dfrac{2}{5}$ d) $\dfrac{5}{6}$ e) $\dfrac{5}{14}$

152. (UF-PI) Considere os resultados da Olimpíada Brasileira de Matemática das Escolas Públicas – 2008 e os números de medalhas dos alunos do Piauí, Ceará e Maranhão, apresentados no quadro abaixo. Qual é a probabilidade de se escolher dentre esses alunos um que seja do Piauí, dado que ele tenha recebido medalha de Prata?

	CE	MA	PI	Totais
Ouro	19	1	1	21
Prata	31	7	8	46
Bronze	47	20	20	87
Totais	97	28	29	

a) $\dfrac{8}{29}$ b) $\dfrac{31}{29}$ c) $\dfrac{29}{46}$ d) $\dfrac{8}{31}$ e) $\dfrac{8}{46}$

153. (Unesp-SP) Através de fotografias de satélites de uma certa região da floresta amazônica, pesquisadores fizeram um levantamento das áreas de floresta (F), de terra exposta (T) e de água (A) desta região, nos anos de 2004 e de 2006. Com base nos dados levantados, os pesquisadores elaboraram a seguinte matriz de probabilidades:

$$\text{De} \begin{array}{c} \\ F \\ T \\ A \end{array} \overset{\text{Para}}{\begin{bmatrix} F & T & A \\ \frac{95}{100} & \frac{4}{100} & \frac{1}{100} \\ \frac{2}{100} & \frac{95}{100} & \frac{3}{100} \\ \frac{1}{100} & \frac{3}{100} & \frac{96}{100} \end{bmatrix}}$$

Por exemplo, a probabilidade de uma área de água no ano de 2004 ser convertida em área de terra exposta no ano de 2006 era de $\frac{3}{100}$. Supondo que a matriz de probabilidades se manteve a mesma do ano de 2006 para o ano de 2008, determine a probabilidade de uma área de floresta em 2004 ser convertida em uma área de terra exposta em 2008.

154. (Unesp-SP) Um lote de um determinado produto tem 500 peças. O teste de qualidade do lote consiste em escolher aleatoriamente 5 peças, sem reposição, para exame. O lote é reprovado se qualquer uma das peças escolhidas apresentar defeito. A probabilidade de o lote não ser reprovado se ele contiver 10 peças defeituosas é determinada por:

a) $\frac{10}{500} \cdot \frac{9}{499} \cdot \frac{8}{498} \cdot \frac{7}{497} \cdot \frac{6}{496}$

b) $\frac{490}{500} \cdot \frac{489}{500} \cdot \frac{488}{500} \cdot \frac{487}{500} \cdot \frac{486}{500}$

c) $\frac{490}{500} \cdot \frac{489}{499} \cdot \frac{488}{498} \cdot \frac{487}{497} \cdot \frac{486}{496}$

d) $\frac{10!}{(10-5)! \, 5!} \cdot \frac{10}{500}$

e) $\frac{500!}{(500-5)! \, 5!} \cdot \frac{5}{500}$

155. (Enem-MEC) Um grupo de pacientes com Hepatite C foi submetido a um tratamento tradicional em que 40% desses pacientes foram completamente curados. Os pacientes que não obtiveram cura foram distribuídos em dois grupos de mesma quantidade e submetidos a dois tratamentos inovadores. No primeiro tratamento inovador, 35% dos pacientes foram curados e, no segundo, 45%.

Em relação aos pacientes submetidos inicialmente, os tratamentos inovadores proporcionaram cura de:

a) 16%   b) 24%   c) 32%   d) 48%   e) 64%

156. (UF-PR) Considere três caixas contendo bolas brancas e pretas, conforme ilustra a figura:

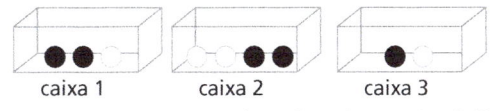

caixa 1   caixa 2   caixa 3

Uma bola é retirada aleatoriamente da caixa 1 e colocada na caixa 2. Então, uma bola é retirada aleatoriamente da caixa 2 e colocada na caixa 3. Finalmente, uma bola é retirada aleatoriamente da caixa 3. Calcule a probabilidade de que essa última bola retirada seja branca.

QUESTÕES DE VESTIBULARES

157. (UF-PB) É comum, em aeroportos, a utilização de detectores de metais para vistoriar as bagagens dos passageiros. Em certo aeroporto, ao ser vistoriado um lote de 10 malas, o detector de metais acusou a presença de objetos metálicos em apenas duas. Um funcionário do aeroporto, que não estava presente no momento da vistoria dessas malas pelo detector, escolheu aleatoriamente duas delas e resolveu abri-las para fazer uma vistoria mais apurada.

Com base nessas informações, é correto afirmar que a probabilidade de ser encontrado objeto metálico em, pelo menos, uma das duas malas escolhidas por esse funcionário do aeroporto é de:

a) $\frac{6}{15}$

b) $\frac{7}{18}$

c) $\frac{50}{135}$

d) $\frac{35}{90}$

e) $\frac{17}{45}$

158. (Unesp-SP) O mercado automobilístico brasileiro possui várias marcas de automóveis disponíveis aos consumidores. Para cinco dessas marcas (A, B, C, D e E), a matriz fornece a probabilidade de um proprietário de um carro de marca da linha *i* trocar para o carro de marca da coluna *j*, quando da compra de um carro novo. Os termos da diagonal principal dessa matriz fornecem as probabilidades de um proprietário permanecer com a mesma marca de carro na compra de um novo.

	A	B	C	D	E
A	0,6	0,1	0,2	0,1	0,0
B	0,3	0,5	0,0	0,1	0,1
C	0,2	0,2	0,4	0,1	0,1
D	0,3	0,2	0,2	0,3	0,0
E	0,2	0,3	0,1	0,2	0,2

A probabilidade de um proprietário de um carro de marca B comprar um novo carro da marca C, após duas compras, é:

a) 0,25
b) 0,24
c) 0,20
d) 0,09
e) 0,00

159. (UF-PR) Em uma população de aves, a probabilidade de um animal estar doente é $\frac{1}{25}$. Quando uma ave está doente, a probabilidade de ser devorada por predadores é $\frac{1}{4}$, e, quando não está doente, a probabilidade de ser devorada por predadores é $\frac{1}{40}$. Portanto, a probabilidade de uma ave dessa população, escolhida aleatoriamente, ser devorada por predadores é de:

a) 1,0%
b) 2,4%
c) 4,0%
d) 3,4%
e) 2,5%

160. (Unifesp-SP) Duzentos e cinquenta candidatos submeteram-se a uma prova com 5 questões de múltipla escolha, cada questão com 3 alternativas e uma única resposta correta. Admitindo-se que todos os candidatos assinalaram, para cada questão, uma única resposta, pode-se afirmar que pelo menos:
a) um candidato errou todas as respostas.
b) dois candidatos assinalaram exatamente as mesmas alternativas.
c) um candidato acertou todas as respostas.
d) a metade dos candidatos acertou mais de 50% das respostas.
e) a metade dos candidatos errou mais de 50% das respostas.

161. (ITA-SP) Dois atiradores acertam o alvo uma vez a cada três disparos. Se os dois atiradores disparam simultaneamente, então a probabilidade do alvo ser atingido pelo menos uma vez é igual a:
a) $\dfrac{2}{9}$
b) $\dfrac{1}{3}$
c) $\dfrac{4}{9}$
d) $\dfrac{5}{9}$
e) $\dfrac{2}{3}$

162. (UF-PE) Suponha que a probabilidade de Júnior resolver um problema é de 60% e que a probabilidade de Maria resolver o problema é de 80%. Se os dois tentarem resolver o problema, independentemente, qual a probabilidade percentual de o problema ser resolvido por algum deles?
a) 90%
b) 92%
c) 94%
d) 96%
e) 98%

163. (UF-PB) A queda de meteoros é um fenômeno natural que pode ocasionar a extinção de vida no planeta Terra. Nesse contexto, considere:
- Observações astronômicas confirmam que dois meteoros estão em rota de colisão com a Terra, de forma independente, com quedas previstas para momentos diferentes;
- A probabilidade de um meteoro cair em certo ponto da superfície terrestre é a mesma para cada ponto dessa superfície;
- $\dfrac{3}{4}$ da superfície terrestre é coberta por água (rios, lagos, oceanos, mares, etc.).

A partir do exposto, é correto afirmar que a probabilidade do primeiro meteoro cair na água e do segundo cair em terra firme é, aproximadamente, de:
a) $\dfrac{1}{16}$
b) $\dfrac{3}{16}$
c) $\dfrac{1}{14}$
d) $\dfrac{3}{8}$
e) $\dfrac{9}{16}$

QUESTÕES DE VESTIBULARES

164. (Enem-MEC) Um médico está estudando um novo medicamento que combate um tipo de câncer em estágios avançados. Porém, devido ao forte efeito dos seus componentes, a cada dose administrada há uma chance de 10% de que o paciente sofra alguns dos efeitos colaterais observados no estudo, tais como dores de cabeça, vômitos ou mesmo agravamento dos sintomas da doença. O médico oferece tratamentos compostos por 3, 4, 6, 8 ou 10 doses do medicamento, de acordo com o risco que o paciente pretende assumir.
Se um paciente considera aceitável um risco de até 35% de chances de que ocorra algum dos efeitos colaterais durante o tratamento, qual é o maior número admissível de doses para esse paciente?

a) 3 doses
b) 4 doses
c) 6 doses
d) 8 doses
e) 10 doses

165. (ITA-SP) Um certo exame de inglês é utilizado para classificar a proficiência de estrangeiros nesta língua. Dos estrangeiros que são proficientes em inglês, 75% são bem avaliados neste exame. Entre os não proficientes em inglês, 7% são eventualmente bem avaliados. Considere uma amostra de estrangeiros em que 18% são proficientes em inglês. Um estrangeiro, escolhido desta amostra ao acaso, realizou o exame sendo classificado como proficiente em inglês. A probabilidade deste estrangeiro ser efetivamente proficiente nesta língua é de aproximadamente:

a) 73%
b) 70%
c) 68%
d) 65%
e) 64%

166. (FGV-SP) Um sistema de controle de qualidade consiste em três inspetores A, B e C que trabalham em série e de forma independente, isto é, o produto é analisado pelos três inspetores trabalhando de forma independente.
O produto é considerado defeituoso quando um defeito é detectado, ao menos, por um inspetor. Quando o produto é defeituoso, a probabilidade de o defeito ser detectado por cada inspetor é 0,8. A probabilidade de uma unidade defeituosa ser detectada é:

a) 0,990
b) 0,992
c) 0,994
d) 0,996
e) 0,998

167. (U. F. Uberlândia-MG) O Programa Nacional de Tecnologia Educacional do MEC financia e instala laboratórios de informática nas escolas públicas de Educação Básica. Suponha que, no processo de licitação para a compra dos computadores destinados aos laboratórios, o MEC tenha a sua disposição 15 consultores técnicos, sendo que 10 são consultores júnior e 5 são consultores sênior. Dois fabricantes de computadores, sendo um da marca A e outro da marca B, resolveram participar do processo de licitação. Para decidir qual marca comprar, uma equipe de consultores técnicos testou as duas marcas durante uma semana. Os técnicos concluíram que a probabilidade de que ocorra um problema em computadores da marca A é de $\frac{1}{2}$, da marca B é de $\frac{1}{4}$, e, em ambas, é de $\frac{1}{100}$.

Com base nestas informações, responda às seguintes perguntas:

a) Se o MEC deseja designar 5 consultores técnicos para compor a equipe de testes, sendo que 3 são consultores júnior e 2 são consultores sênior, de quantas maneiras distintas podem ser escolhidos os 5 consultores?

b) Durante os testes realizados, qual a probabilidade de que nenhuma marca tenha apresentado problema?

168. (ITA-SP) Considere uma população de igual número de homens e mulheres, em que sejam daltônicos 5% dos homens e 0,25% das mulheres. Indique a probabilidade de que seja mulher uma pessoa daltônica selecionada ao acaso nessa população.

a) $\dfrac{1}{21}$　　　c) $\dfrac{3}{21}$　　　e) $\dfrac{1}{4}$

b) $\dfrac{1}{8}$　　　d) $\dfrac{5}{21}$

169. (ITA-SP) Em um espaço amostral com uma probabilidade P, são dados os eventos A, B e C tais que: $P(A) = P(B) = \dfrac{1}{2}$, com A e B independentes, $P(A \cap B \cap C) = \dfrac{1}{16}$, e sabe-se que $P((A \cap B) \cup (A \cap C)) = \dfrac{3}{10}$. Calcule as probabilidades condicionais $P(C|A \cap B)$ e $P(C|A \cap B^C)$.

170. (Unifesp-SP) Um jovem possui dois despertadores. Um deles funciona em 80% das vezes em que é colocado para despertar e o outro em 70% das vezes. Tendo um compromisso para daqui a alguns dias e preocupado com a hora, o jovem pretende colocar os dois relógios para despertar.

a) Qual é a probabilidade de que os dois relógios venham a despertar na hora programada?

b) Qual é a probabilidade de que nenhum dos dois relógios desperte na hora programada?

171. (UF-PE) Quando o time A enfrenta o time B, a probabilidade de o time A ganhar é de 35% e a probabilidade de o time B ganhar é de 45%. Se os dois times se enfrentam duas vezes, em partidas independentes, qual a probabilidade percentual de ocorrerem dois empates?

a) 40%　　　c) 10%　　　e) 2%

b) 20%　　　d) 4%

172. (Fuvest-SP)

a) Dez meninas e seis meninos participarão de um torneio de tênis infantil. De quantas maneiras distintas essas 16 crianças podem ser separadas nos grupos A, B, C e D, cada um deles com 4 jogadores, sabendo que os grupos A e C serão formados apenas por meninas e o grupo B, apenas por meninos?

b) Acontecida a fase inicial do torneio, a fase semifinal terá os jogos entre Maria e João e entre Marta e José. Os vencedores de cada um dos jogos farão a final. Dado que a probabilidade de um menino ganhar de uma menina é $\dfrac{3}{5}$, calcule a probabilidade de uma menina vencer o torneio.

QUESTÕES DE VESTIBULARES

173. (PUC-RJ) Jogamos 5 moedas comuns ao mesmo tempo. Qual a probabilidade de que o resultado seja 4 caras e 1 coroa?

a) $\frac{1}{6}$

b) $\frac{5}{32}$

c) $\frac{1}{4}$

d) $\frac{1}{5}$

e) $\frac{29}{128}$

174. (Mackenzie-SP) Um casal planeja ter 4 filhos; admitindo probabilidades iguais para ambos os sexos, a probabilidade de esse casal ter 2 meninos e 2 meninas, em qualquer ordem, é:

a) $\frac{3}{8}$

b) $\frac{3}{4}$

c) $\frac{1}{2}$

d) $\frac{1}{16}$

e) $\frac{3}{16}$

175. (Enem-MEC) O controle de qualidade de uma empresa fabricante de telefones celulares aponta que a probabilidade de um aparelho de determinado modelo apresentar defeito de fabricação é de 0,2%. Se uma loja acaba de vender 4 aparelhos desse modelo para um cliente, qual é a probabilidade de esse cliente sair da loja com exatamente dois aparelhos defeituosos?

a) $2 \cdot (0{,}2\%)^4$

b) $4 \cdot (0{,}2\%)^2$

c) $6 \cdot (0{,}2\%)^2 \cdot (99{,}8\%)^2$

d) $4 \cdot (0{,}2\%)$

e) $6 \cdot (0{,}2\%) \cdot (99{,}8\%)$

176. (FEI-SP) A probabilidade de um atirador acertar um alvo em um único tiro é de 0,1. Com apenas três tiros, qual a probabilidade de esse atirador acertar o alvo no máximo duas vezes?

a) 0,09

b) 0,027

c) 0,271

d) 0,999

e) 0,009

177. (UF-RN) Uma prova de Matemática contém trinta questões, das quais quatro são consideradas difíceis. Cada questão tem quatro opções de resposta, das quais somente uma é correta. Se uma pessoa marcar aleatoriamente uma opção em cada uma das questões difíceis, é correto afirmar que:

a) a probabilidade de errar as questões difíceis é maior que a probabilidade de acertar pelo menos uma questão difícil.

b) a probabilidade de errar as questões difíceis é maior que $\frac{1}{2}$.

c) a probabilidade de errar as questões difíceis é menor que a probabilidade de acertar pelo menos uma questão difícil.

d) a probabilidade de errar as questões difíceis está entre $\frac{2}{5}$ e $\frac{1}{2}$.

178. (UF-RS) O desenho abaixo representa um tabuleiro inclinado no qual uma bola lançada desde o ponto A despenca até atingir um dos cinco pontos da base. Em cada bifurcação do tabuleiro, a probabilidade de a bola ir para a esquerda ou para a direita é a mesma.

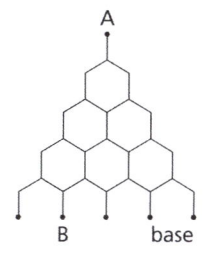

Com as informações acima, a probabilidade de uma bola lançada desde o ponto A atingir o ponto B é:

a) $1 \cdot \left(\frac{1}{2}\right)^4$
b) $2 \cdot \left(\frac{1}{2}\right)^4$
c) $3 \cdot \left(\frac{1}{2}\right)^4$
d) $4 \cdot \left(\frac{1}{2}\right)^4$
e) $6 \cdot \left(\frac{1}{2}\right)^4$

179. (UF-MG) Considere uma prova de Matemática constituída de quatro questões de múltipla escolha, com quatro alternativas cada uma, das quais apenas uma é correta.
Um candidato decide fazer essa prova escolhendo, aleatoriamente, uma alternativa em cada questão.
Então, é CORRETO afirmar que a probabilidade de esse candidato acertar, nessa prova, exatamente uma questão é:

a) $\frac{27}{64}$
b) $\frac{27}{256}$
c) $\frac{9}{64}$
d) $\frac{9}{256}$

180. (FEI-SP) Uma moeda é viciada, de forma que a probabilidade de sair cara é quatro vezes a probabilidade de sair coroa. Lançando três vezes essa moeda, a probabilidade de obter duas coroas e uma cara é:

a) $\frac{1}{8}$
b) $\frac{3}{8}$
c) $\frac{4}{125}$
d) $\frac{4}{25}$
e) $\frac{12}{125}$

181. (ITA-SP) Um palco possui 6 refletores de iluminação. Num certo instante de um espetáculo moderno os refletores são acionados aleatoriamente de modo que, para cada um dos refletores, seja de $\frac{2}{3}$ a probabilidade de ser aceso. Então, a probabilidade de que, neste instante, 4 ou 5 refletores sejam acesos simultaneamente, é igual a:

a) $\frac{16}{27}$
b) $\frac{49}{81}$
c) $\frac{151}{243}$
d) $\frac{479}{729}$
e) $\frac{2^4}{3^4} + \frac{2^5}{3^5}$

Respostas das questões de vestibulares

1. b
2. c
3. 36
4. c
5. 256
6. d
7. d
8. b
9. d
10. a
11. b
12. e
13. a
14. c
15. a
16. a
17. d
18. c
19. e
20. e
21. d
22. c
23. e
24. a) 360   b) 60   c) 60
25. d
26. a
27. a
28. a
29. c
30. a
31. b
32. e

33. c

34. a

35. c

36. e

37. a) 112 mg/dl < LDL ≤ 130 mg/dl
b) 120 e 10

38. c

39. 1 260 números

40. c

41. d

42. c

43. 56

44. d

45. e

46. e

47. a

48. c

49. a) y = 2x − 4 com 4 ≤ x ≤ 14; 24 meninos
b) 26 alunos

50. b

51. a

52. 300

53. a

54. 7 056

55. d

56. a

57. a

58. 8

59. d

60. d

61. 125 formas distintas

62. 09

63. c

64. a

65. c

66. 17 640

67. a

68. a

69. a

70. e

71. e

72. d

73. c

74. a

75. a) n + 1

b) $\dfrac{(n+2)(n+1)}{2}$

c) $\dfrac{(n-k+2)(n-k+1)}{(n+2)(n+1)}$

76. e

77. b

78. 02

79. c

80. a

81. b

82. c

83. e

84. b

85. c

86. b

RESPOSTAS DAS QUESTÕES DE VESTIBULARES

87. e
88. c
89. e
90. b
91. c
92. a
93. b
94. a
95. c
96. e
97. a) $\frac{1}{6}$ b) $\frac{5}{12}$
98. b
99. $\frac{1}{3}$
100. c
101. e
102. b
103. e
104. c
105. V F V V
106. b
107. c
108. c
109. b
110. c
111. e
112. c
113. e
114. d
115. c
116. d
117. c
118. e
119. d
120. a
121. a) 80%
     b) 101! + 19 é divisível por 19.
122. c
123. d
124. $\frac{2}{25}$
125. a
126. 38
127. n = 40
128. c
129. c
130. $\frac{4}{9}$
131. d
132. a
133. a) 243   b) 21,6%
134. c
135. 48%
136. d
137. a) $\frac{15}{56}$ b) $\frac{1}{3}$
138. a
139. a
140. e
141. c
142. c
143. b
144. a
145. d
146. a) $\frac{1}{30}$ b) $\frac{22 \cdot 10! \cdot 90!}{100!}$

RESPOSTAS DAS QUESTÕES DE VESTIBULARES

147. a) $\dfrac{26}{52}$

b) $\dfrac{26}{52} \cdot \dfrac{25}{51} \cdot \dfrac{24}{50}$

c) $3 \cdot \dfrac{26}{52} \cdot \dfrac{25}{51} \cdot \dfrac{26}{50}$

148. a) $\dfrac{1}{4}$

b) $n^2 + 7n$ cadeiras na sala. Para que a sala tenha 144 cadeiras devemos ter $n = 9$.

149. b

150. b

151. d

152. e

153. 7,63%

154. c

155. b

156. $\dfrac{22}{45}$

157. e

158. d

159. d

160. b

161. d

162. b

163. b

164. b

165. b

166. b

167. a) 1 200   b) 26%

168. a

169. $P(C|A \cap B) = \dfrac{1}{4}$

$P(C|A \cap B^c) = \dfrac{1}{5}$

170. a) 56%   b) 6%

171. d

172. a) 47 250 maneiras

b) $\dfrac{44}{125}$

173. b

174. a

175. c

176. d

177. c

178. d

179. a

180. e

181. a

Significado das siglas de vestibulares

Enem-MEC — Exame Nacional do Ensino Médio, Ministério da Educação
Fatec-SP — Faculdade de Tecnologia de São Paulo
FEI-SP — Faculdade de Engenharia Industrial, São Paulo
FGV-SP — Fundação Getúlio Vargas, São Paulo
FGV-RJ — Fundação Getúlio Vargas, Rio de Janeiro
Fuvest-SP — Fundação para o Vestibular da Universidade de São Paulo
ITA-SP — Instituto Tecnológico de Aeronáutica, São Paulo
Mackenzie-SP — Universidade Presbiteriana Mackenzie de São Paulo
PUC-MG — Pontifícia Universidade Católica de Minas Gerais
PUC-RJ — Pontifícia Universidade Católica do Rio de Janeiro
PUC-RS — Pontifícia Universidade Católica do Rio Grande do Sul
PUC-SP — Pontifícia Universidade Católica de São Paulo
UE-CE — Universidade Estadual do Ceará
UE-GO — Universidade Estadual de Goiás
UE-PI — Universidade Estadual do Piauí
UE-RJ — Universidade do Estado do Rio de Janeiro
UF-AM — Universidade Federal do Amazonas
UF-GO — Universidade Federal de Goiás
UF-MA — Universidade Federal do Maranhão
UF-MG — Universidade Federal de Minas Gerais
UF-MT — Universidade Federal do Mato Grosso
UF-PA — Universidade Federal do Pará
UF-PB — Universidade Federal da Paraíba
UF-PE — Universidade Federal de Pernambuco
UF-PI — Universidade Federal do Piauí
UF-PR — Universidade Federal do Paraná
UF-RN — Universidade Federal do Rio Grande do Norte
UF-RR — Universidade Federal de Roraima
UF-RS — Universidade Federal do Rio Grande do Sul
U. F. São Carlos-SP — Universidade Federal de São Carlos, São Paulo
U. F. Uberlândia-MG — Universidade Federal de Uberlândia, Minas Gerais
Unemat-MT — Universidade do Estado de Mato Grosso
Unesp-SP — Universidade Estadual Paulista, São Paulo
Unicamp-SP — Universidade Estadual de Campinas, São Paulo
Unifesp-SP — Universidade Federal de São Paulo